즐거움
깨달음
감동

즐깨감 수학 6

와이즈만 영재교육연구소 지음

즐깨감 수학 6

1판 1쇄 인쇄 2011년 5월 23일
1판 2쇄 발행 2012년 2월 13일

와이즈만 영재교육연구소 지음

발행처/(주)창의와탐구
발행인/임국진
편집인/정영숙
출판사업부장/홍장희
편집장/김현정 편집/김정실 이정화 조지현
디자인/(주)창의와탐구 디자인팀 차이앤노브
마케팅/김한석 김혜원

출판등록/1998년 7월 23일 제 22-1334
주소/서울시 서초구 방배동 938-7(서초로 88) 유니온 빌딩 2층(우 137-844)
전화/마케팅 02-2033-8987 편집 02-2033-8928
팩스/02-3474-1411
전자우편/books@askwhy.co.kr
홈페이지/books.askwhy.co.kr

저작권자© 2011 (주)창의와탐구
이 책의 저작권은 (주)창의와탐구에게 있습니다.
저작권자와 출판사의 허락 없이 내용의 일부를 인용하거나 발췌하는 것을 금합니다.

즐깨감 수학

즐거움 깨달음 감동

와이즈만 영재교육연구소 지음

6

와이즈만 BOOKs

수학에서 즐거움, 깨달음, 감동을 느껴 보세요!

경제협력개발기구(OECD)가 실시하는 '학업성취도 국제비교 연구(PISA)'에서 핀란드가 1위, 한국이 2위를 거두었습니다. 한국과 핀란드의 점수 차이가 0.5점인 것을 본 한국의 교육 관계자는 핀란드의 교육 관계자에게 이렇게 말했습니다.

"허허, 근소한 차이로 저희가 졌습니다."

그 말을 들은 핀란드의 교육 관계자는 차갑게 답했습니다.

"아닙니다. 핀란드가 엄청난 차이로 한국을 앞섰습니다. 핀란드 학생은 웃으면서 공부를 하지만 한국 학생들은 울면서 공부하지 않습니까?"

어떻게 하면 수학을 재미있게 공부할 수 있을까요? 예전부터 수학은 좋은 학교를 가기 위해 잘해야 하는 과목으로 인식이 되어 왔습니다. 그러다 보니 학생들에게 수학의 원리를 생각하게 하기보다는 공식을 암기하여 빠른 시간 안에 문제의 답을 찾아내는 학습 방법만을 강요했습니다. 그러나 사회가 급속도로 변화하였고 요구되는 인재상도 변했습니다. 수학 교육 현장에서는 학생 스스로 학습의 과정을 결정하고 문제를 창의적으로 해결할 수 있는 능력을 갖추도록 하는 '창의력 수학'이 중시되고 있습니다.

《즐깨감 수학》에서는 초등학생들에게 단순한 연산 법칙이나 공식을 암기하도록 요구하기보다 생활 속에서 접하는 상황이나 퍼즐, 게임 등과 같이 다양한 소재를 이용하여 학생들이 수학에 대한 거부감 없이 쉽게 접근할 수 있도록 하였습니다. 학생들은 본 교재를 통해 재미있게 수학을 접하고 원리를 이해하는 습관을 기르면서 수학에 대해 유연하게 사고하는 방법을 익힐 수 있습니다. 이는 수학에 대한 자신감과 긍정적인 태도를 갖는 중요한 밑거름이 됩니다.

공자는 논어 [옹야편]에서 '知之自는 不如好之者요 如好之는 不如樂之者(알기만 하는 사람은 좋아하는 사람보다 못하고, 좋아하는 사람은 즐기는 사람보다 못하다.)' 라고 했습니다. 즉, 천재는 노력하는 사람을 이길 수 없고, 노력하는 사람은 즐기는 사람을 이길 수 없다는 뜻으로 모든 일에는 흥미와 관심이 중요하다는 것을 의미합니다.

《즐깨감 수학》은 자세한 풀이가 제공되어 부모님들이 직접 아이들이 궁금해 하는 부분을 설명할 수 있도록 하였습니다. 아이들은 수학에 대해 호기심을 갖고, 부모님과 함께 재미있게 공부할 수 있을 것입니다.

이 책을 공부하는 아이들이 실생활 관계된 다양한 소재로 구성된 수학 활동을 하나씩 해결해 가는 과정에서 자신도 모르는 사이 수학이 재미있고 유용한 학문이며, 나도 수학을 잘할 수 있다는 긍정적인 태도를 기를 수 있기를 기원합니다.

와이즈만 영재교육연구소 소장 이 미 경

구성과 특징

창의영재수학 + 교과사고력 와이즈만 즐깨감 수학

1 재미있는 활동이 수학적 호기심과 흥미를 자극하여 수학적 사고력의 틀 형성

게임, 퍼즐, 수학 마술 활동 등을 소재로 교재를 구성하여 재미있게 공부하고 수학적 의사소통 능력이 향상될 수 있도록 하였습니다.

2 새 교과서에서 강조하고 있는 수학적 사고력, 수학적 추론 능력, 창의적 문제 해결력, 의사소통 능력 강화

수학적 개념과 원리, 법칙을 깨달을 수 있는 창의사고력 문제를 7차 개정 교과서에 맞게 구성하여 창의사고력과 함께 교과 실력 향상에도 도움을 줄 수 있도록 하였습니다.

3 수학 원리가 숨어 있는 생활 속 주제들을 배우며 수학 원리 탐구 및 사고력 향상

생활 속 주제들을 수학의 소재로 삼아 수학을 친근하게 느끼도록 하였고 주변에서 수학 원리를 탐구하고 관찰할 수 있는 수학 탐구 능력이 향상되도록 하였습니다.

1 도형

- 도형의 특징과 성질을 분석할 수 있는 문제
- 위치를 지정하고 공간 관계를 설명할 수 있는 문제
- 변형과 대칭을 이용하여 수학적인 상황을 분석할 수 있는 문제

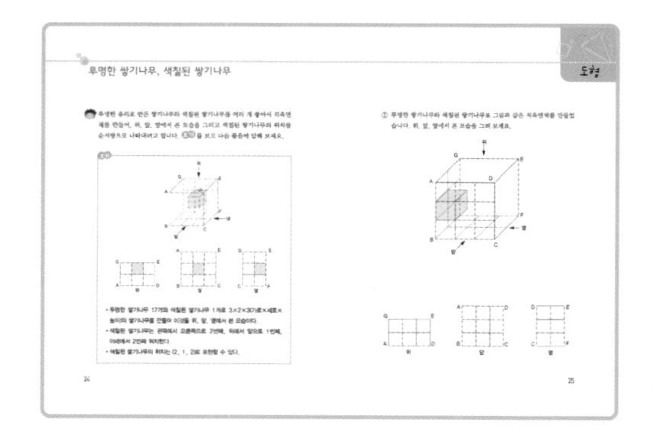

2 수와 연산

- 수, 수의 표현 방법, 수들 사이의 관계, 수 체계를 이해할 수 있는 문제
- 연산의 의미와 연산 사이의 관계를 이해할 수 있는 문제
- 유창하게 계산할 수 있고 추론적인 어림셈을 할 수 있는 문제

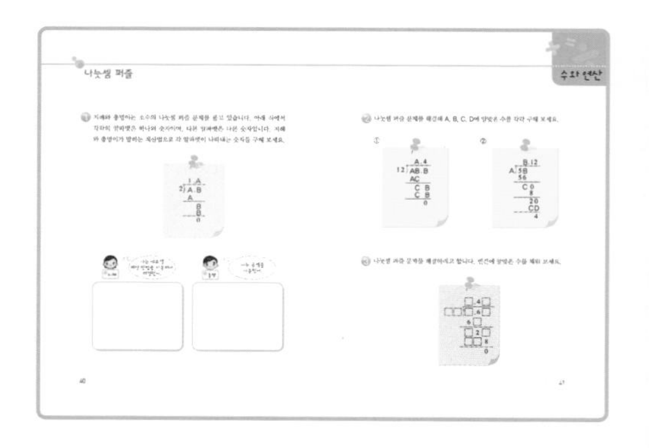

3 측정

- 도형의 측정 가능한 속성, 단위, 체계, 과정을 이해할 수 있는 문제
- 적절한 도구, 공식을 적용하여 측량할 수 있는 문제

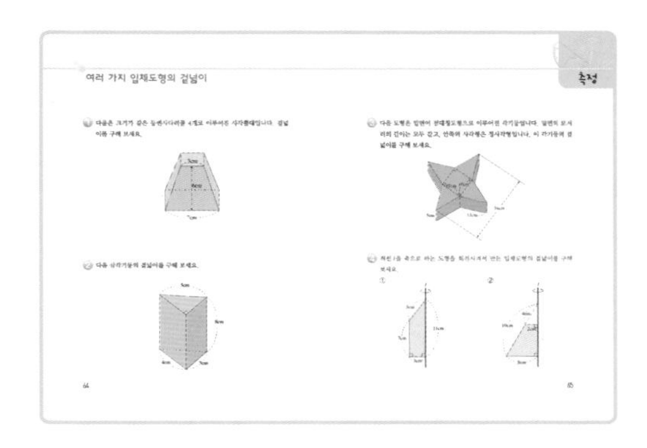

4 확률과 통계

- 적절한 통계적 방법을 선택하고 사용하여 자료를 분석할 수 있는 문제
- 자료에 근거하여 추론과 예측을 하고 평가할 수 있는 문제
- 확률의 기본 개념들을 이해하고 적용할 수 있는 문제

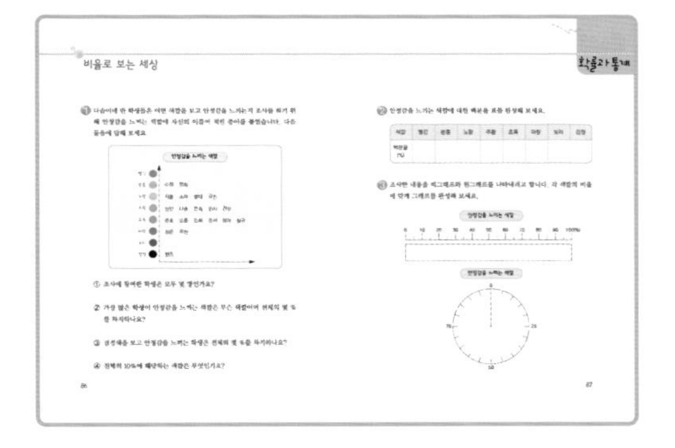

5 규칙성과 문제 해결

- 패턴, 관계, 함수를 이해할 수 있는 문제
- 기호를 이용하여 수학적 상황과 구조를 표현하고 분석할 수 있는 문제
- 다양한 상황에서의 변화를 분석할 수 있는 문제

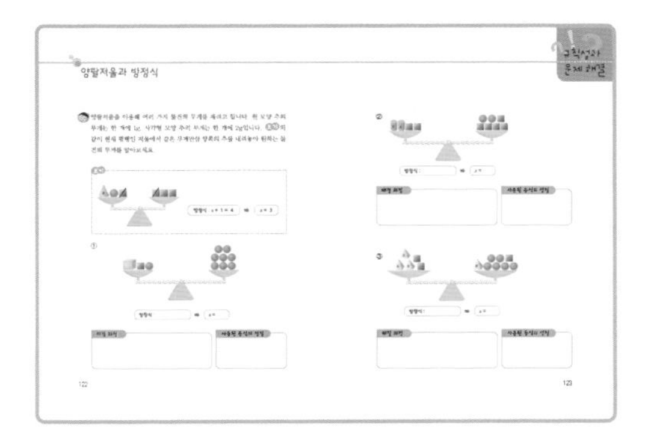

목차

도형 >>> 11

수와 연산 >>> 39

목차

도형

교과서 속 도형 알기

각기둥과 각뿔의 성질

- 각기둥과 각뿔의 구성 요소와 성질
- 각기둥의 전개도

원기둥과 원뿔의 성질

- 원기둥과 원뿔의 구성 요소와 성질
- 원기둥의 전개도

여러 가지 입체도형

- 쌓기나무로 만든 입체도형의 쌓기나무 개수
- 쌓기나무가 쌓인 규칙
- 쌓기나무로 만든 입체도형의 위, 앞, 옆에서 본 모습
- 여러 가지 물체의 위, 앞, 옆에서 본 모습

여러 방향에서 본 모습

1 쌓기나무로 쌓은 모양을 위, 앞, 옆 중 어느 방향에서 본 모습인지 ☐ 안에 써넣어 보세요.

①

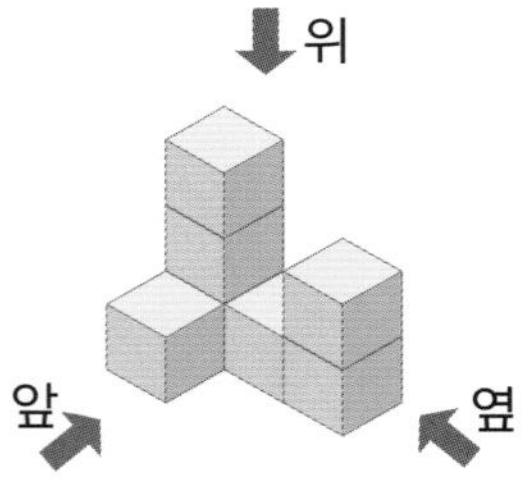

위
앞
옆

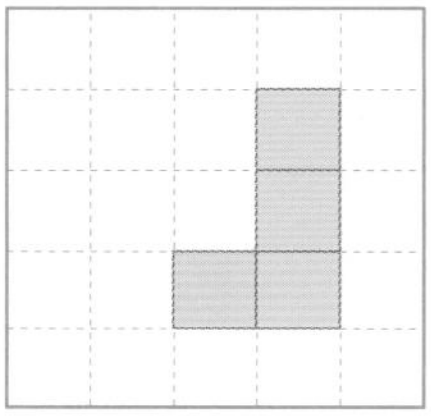

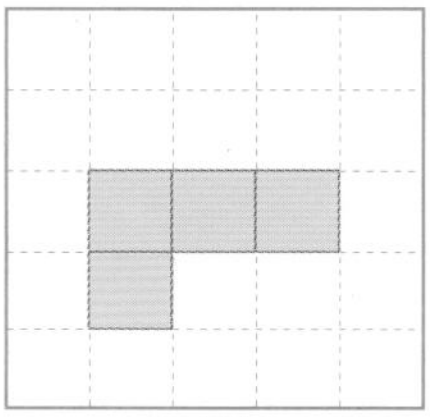

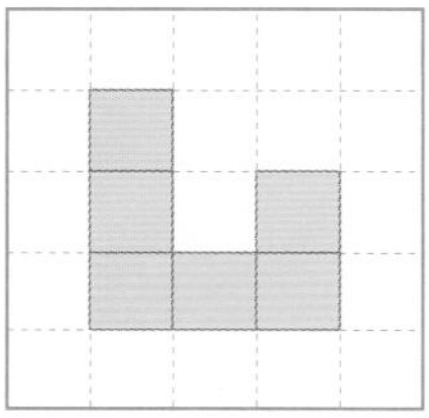

☐ ☐ ☐

②

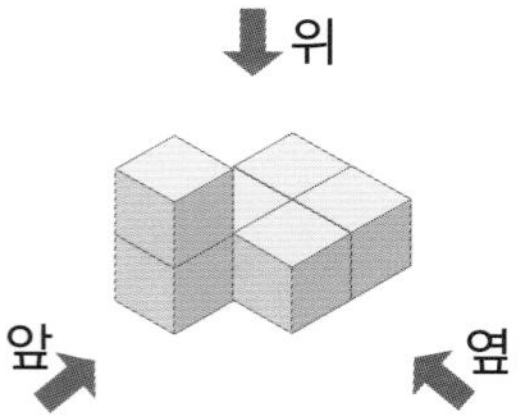

위
앞
옆

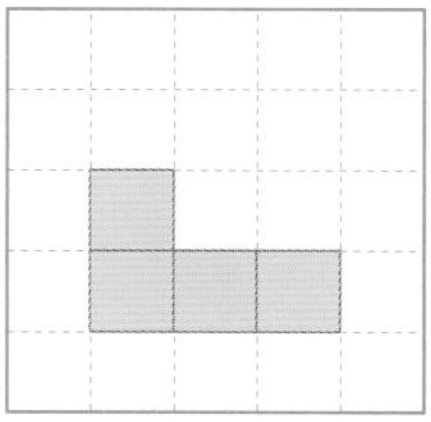

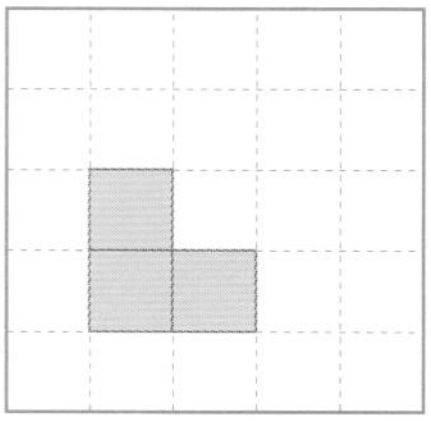

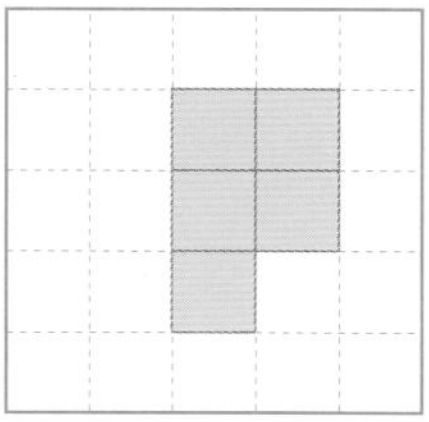

☐ ☐ ☐

2 ☐ 안의 개수만큼 쌓기나무를 쌓았습니다. 쌓기나무로 쌓은 모양을 보고 위, 앞, 옆에서 본 모습을 각각 그려 보세요.

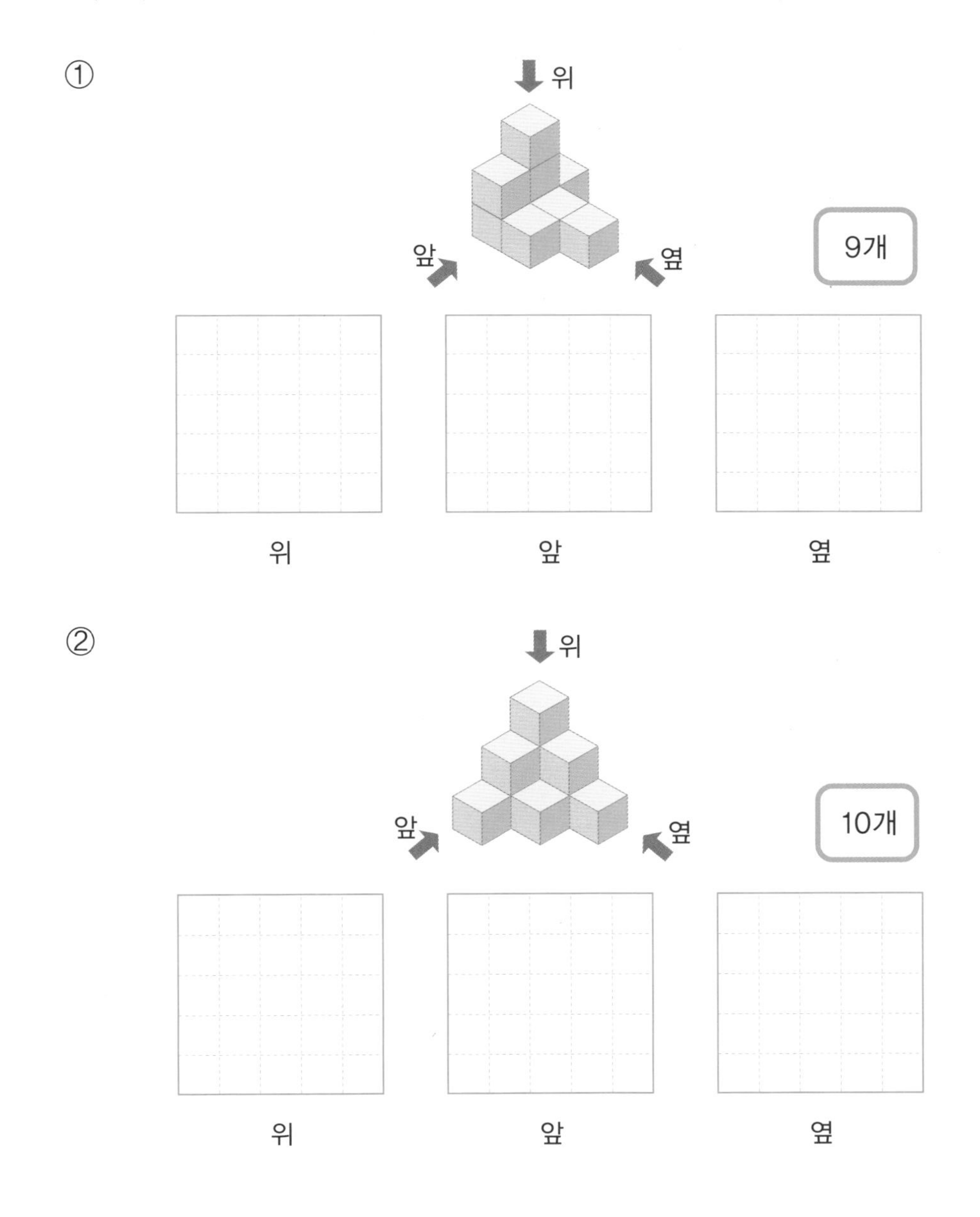

원래의 모양

1 쌓기나무로 쌓은 모양을 보고 위, 앞, 옆에서 본 모습을 각각 그린 것입니다. 어떤 모양의 쌓기나무를 보고 그린 것인지 알맞은 모양을 찾아 ◯표 해 보세요.

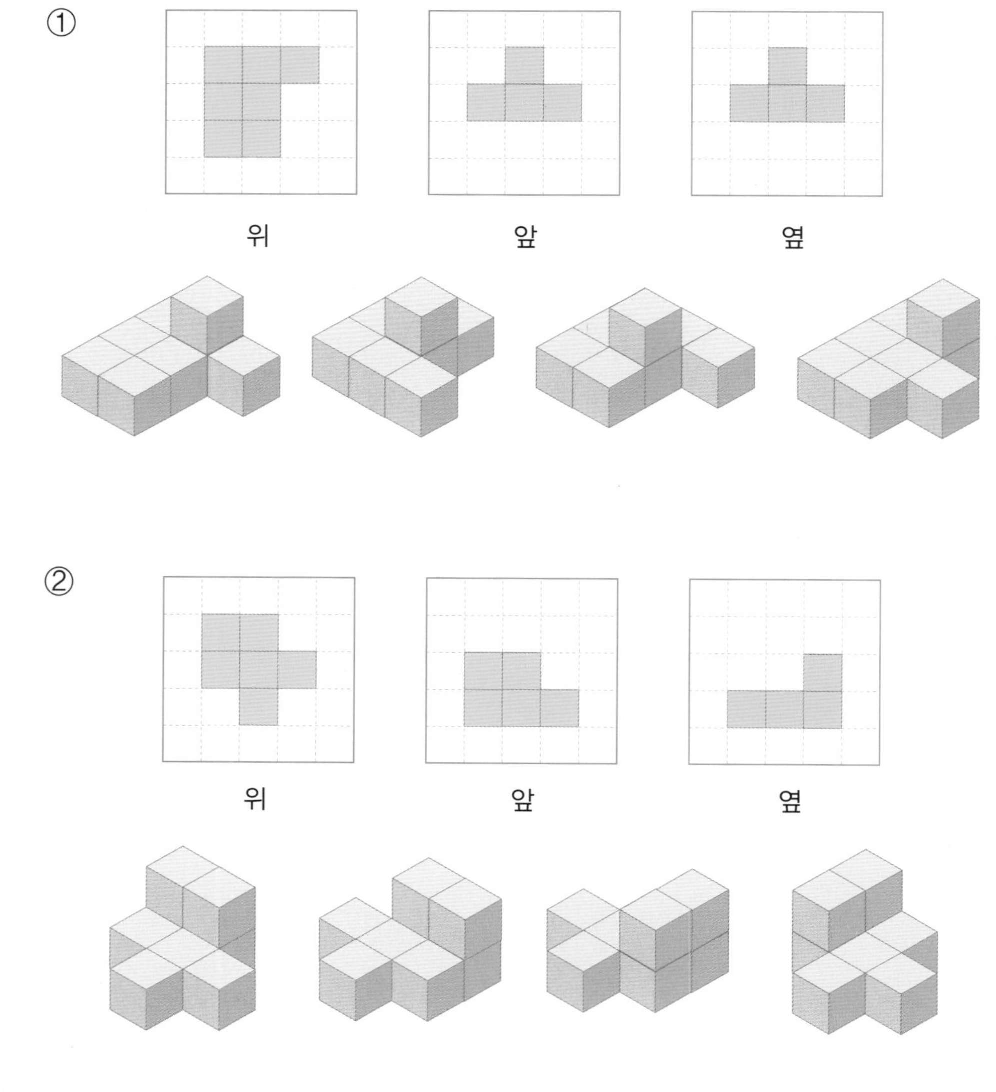

2 쌓기나무로 쌓은 모양을 보고 위, 앞, 옆에서 본 모습을 각각 그린 것입니다.

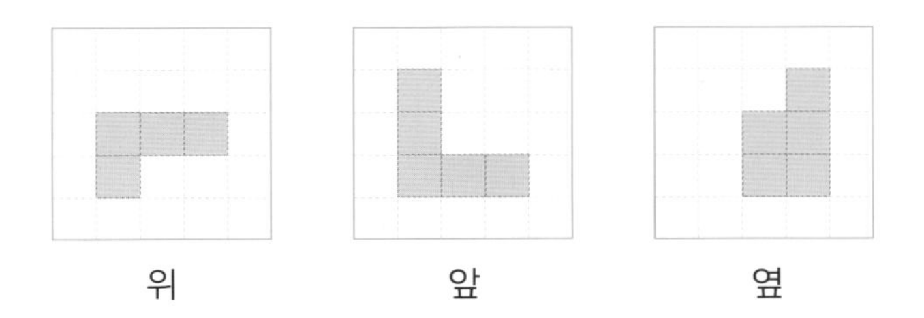

① 다음은 쌓기나무를 위에서 내려다본 그림입니다. 각 자리에 쌓여 있는 쌓기나무의 개수를 써 보세요.

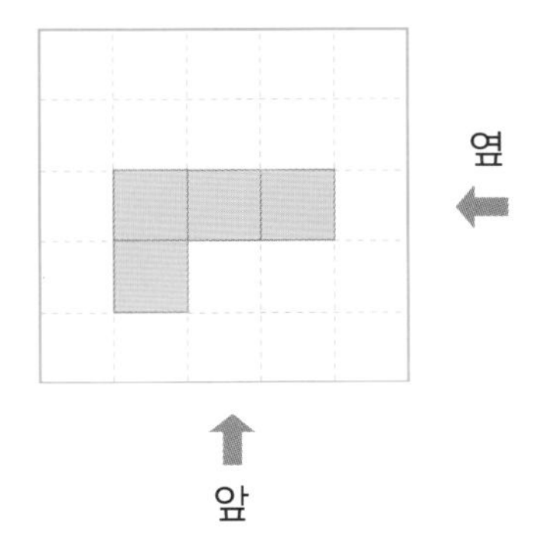

② 아래 격자판에 쌓기나무의 원래 모양을 그려 보세요.

3 쌓기나무로 쌓은 모양을 보고 위, 앞, 옆에서 본 모습을 각각 그린 것입니다. 다음 물음에 답해 보세요.

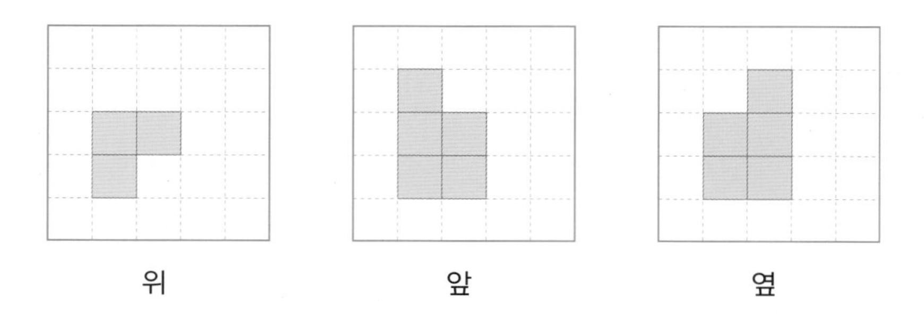

① 위와 앞에서 본 모습만으로 쌓기나무가 몇 개 쌓여 있는지 알 수 있는 자리를 찾아 위에서 본 모습 위에 개수를 써넣어 보세요.

② ①의 답 자리를 뺀 두 자리 중 위와 옆에서 본 모습만으로 쌓기나무가 몇 개 쌓여 있는지 알 수 있는 자리를 찾아 위에서 본 모습 위에 개수를 써넣어 보세요.

③ 아래 격자판에 쌓기나무의 원래 모양을 그려 보세요.

4 쌓기나무로 쌓은 모양을 보고 위, 앞, 옆에서 본 모습을 각각 그린 것입니다. 사용된 쌓기나무는 모두 몇 개인가요?

①

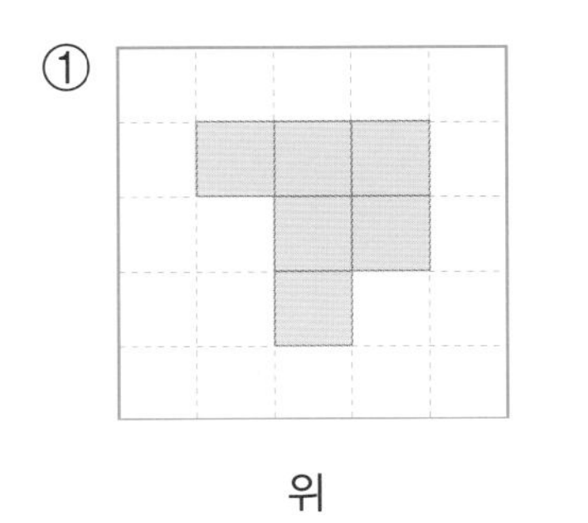
위

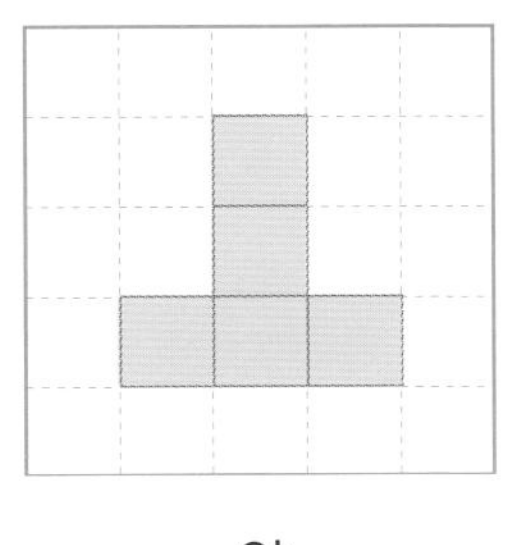
앞

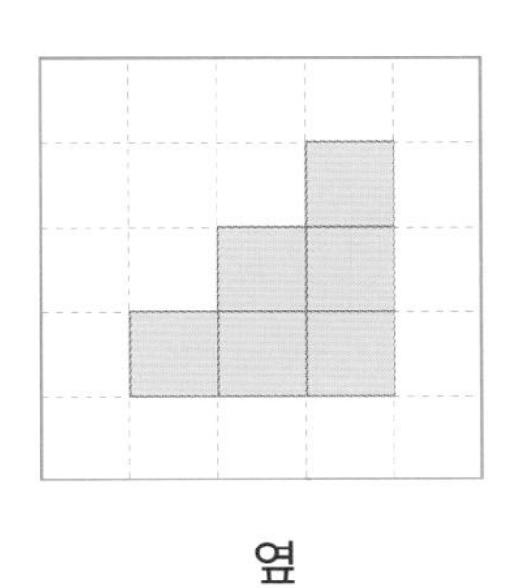
옆

②

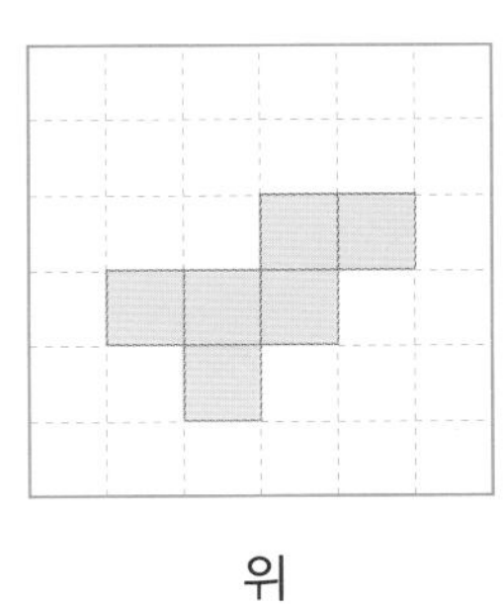
위

앞

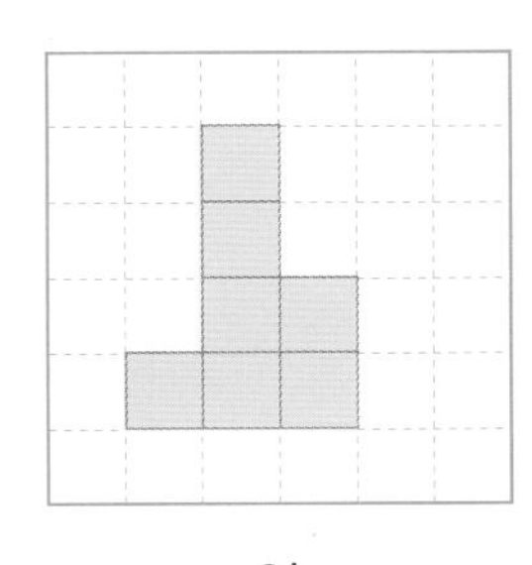
옆

모양을 찾고 만들기

미나는 똑같은 모양의 쌓기나무 2개를 연결해 다음과 같이 1층으로 된 쌓기나무 모양 11개를 만들었습니다. 그림을 보고 다음 물음에 답해 보세요.

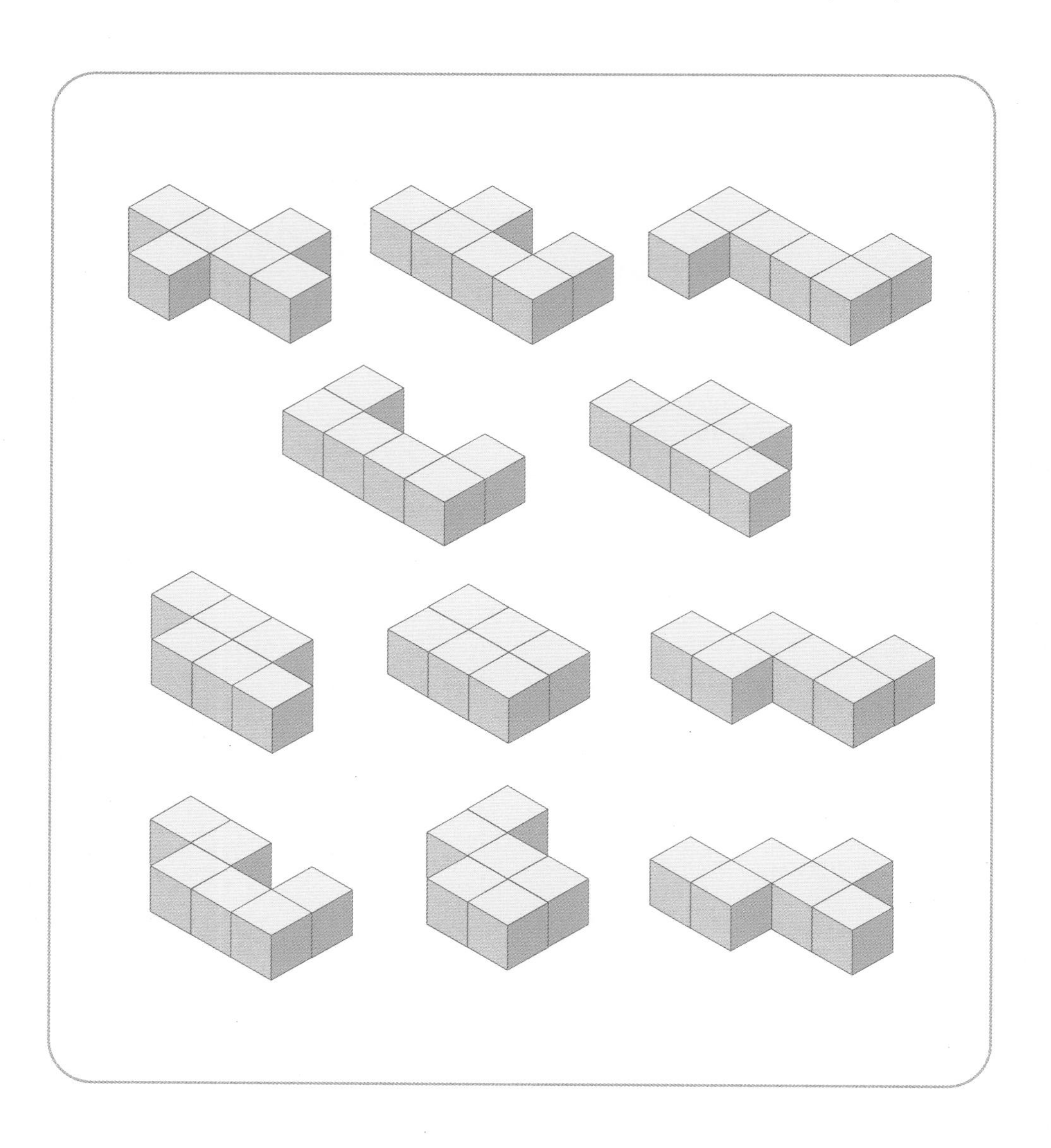

① 미나가 어떤 모양 2개를 이용해 만들었는지 그려 보세요.

② 미나가 만든 모양 외에 1층으로 된 다른 모양들을 더 만들어 보고, 위에서 본 모습을 모눈종이에 그려 보세요.(단, 면과 면이 맞닿아야 하며, 돌리거나 뒤집어서 같은 모양은 하나로 생각합니다.)

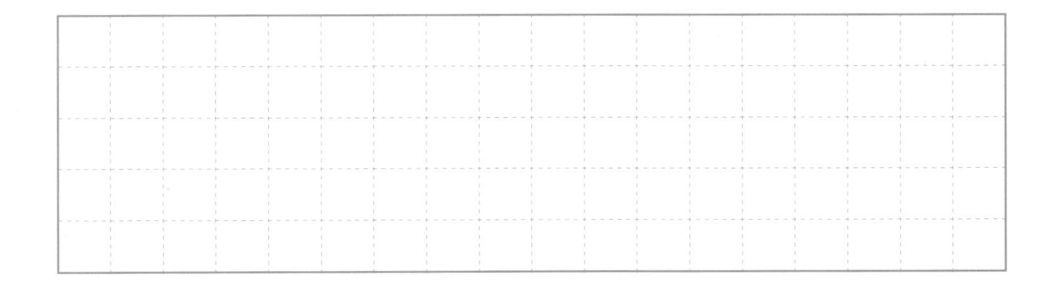

③ 윤아는 미나가 사용한 똑같은 모양 2개를 이용해 2층에 쌓기나무가 1개 있는 경우를 알아보려고 합니다. 보기 와 같이 위에서 본 쌓기나무의 모습을 가능한 한 많이 그리고, 쌓기나무의 개수도 써넣어 보세요.(단, 면과 면이 맞닿아야 하며, 돌리거나 뒤집어서 같은 모양은 하나로 생각합니다.)

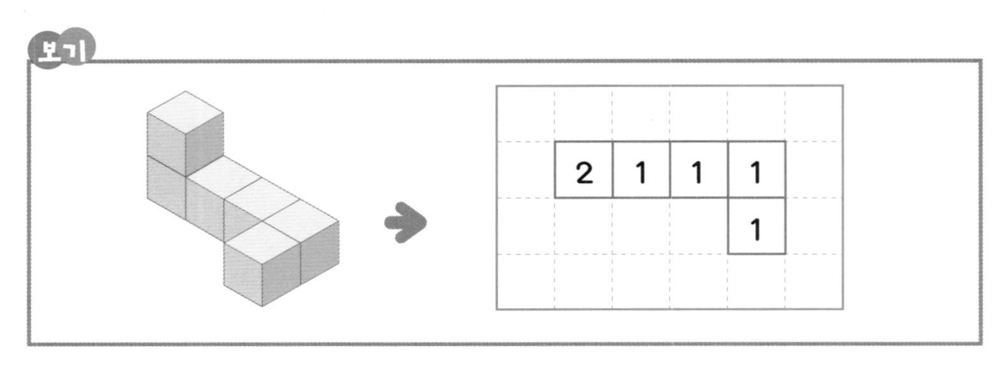

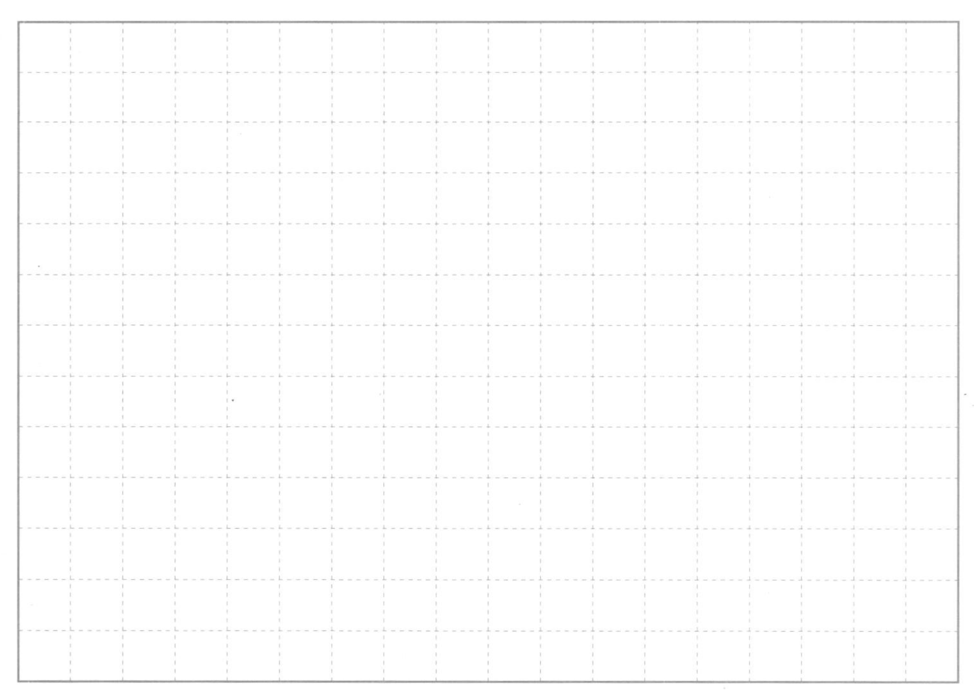

④ 초이는 미나가 사용한 똑같은 모양 2개를 이용해 2층에 쌓기나무가 2개 있는 경우를 알아보려고 합니다. 보기 와 같이 위에서 본 쌓기나무의 모습을 가능한 한 많이 그리고, 쌓기나무의 개수도 써넣어 보세요.(단, 면과 면이 맞닿아야 하며, 돌리거나 뒤집어서 같은 모양은 하나로 생각합니다.)

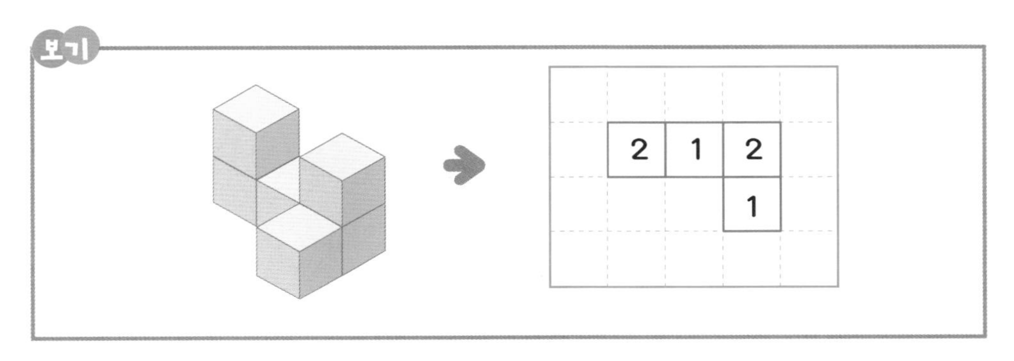

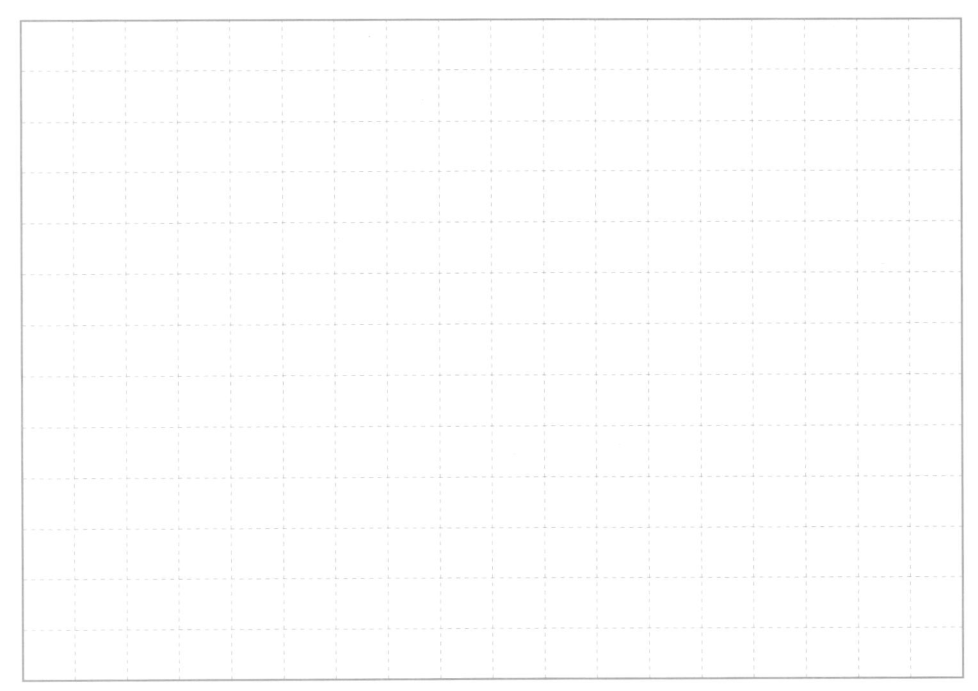

똑같이 나누기

1. 쌓기나무를 이용해 다음과 같은 모양들을 만들었습니다. 각 모양들을 똑같은 모양 2개로 나누고 서로 다른 색으로 색칠해 보세요.

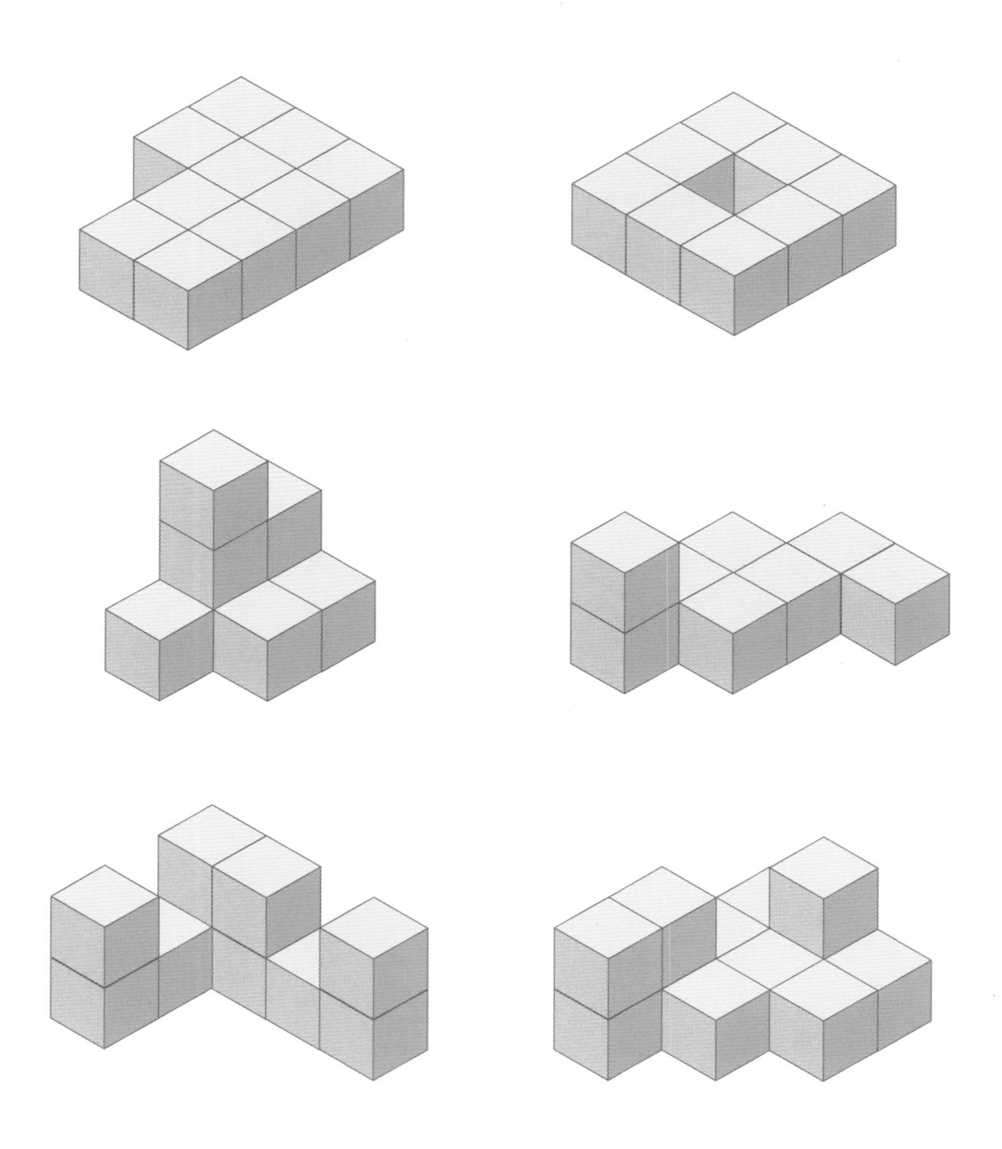

2 다음은 쌓기나무 12개로 만든 모양입니다. 보기 와 같이 똑같은 모양 여러 개로 나누고 서로 다른 색으로 색칠해 보세요.

보기

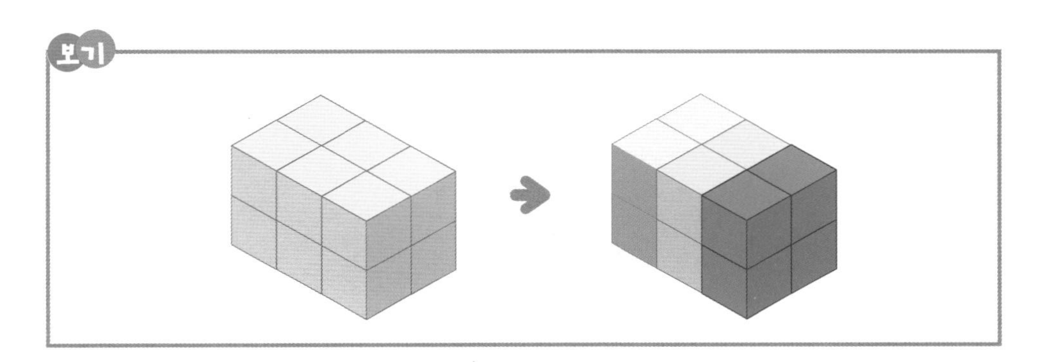

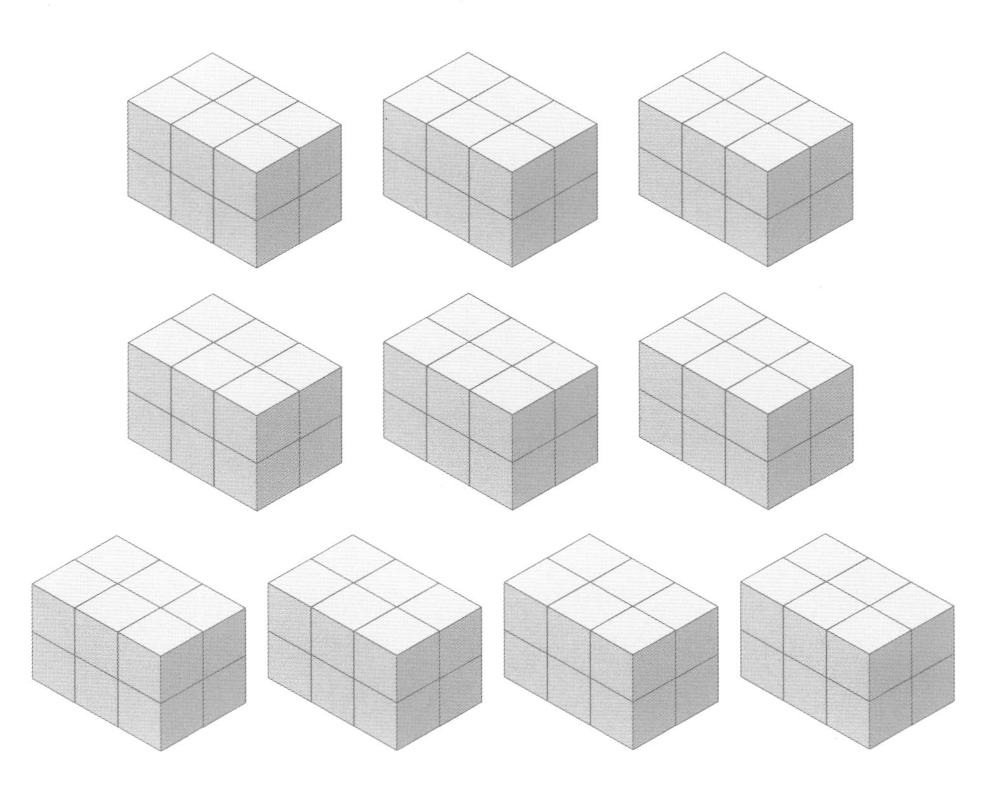

투명한 쌓기나무, 색칠된 쌓기나무

투명한 유리로 만든 쌓기나무와 색칠된 쌓기나무를 여러 개 쌓아서 직육면체를 만들어, 위, 앞, 옆에서 본 모습을 그리고 색칠된 쌓기나무의 위치를 순서쌍으로 나타내려고 합니다. 보기 를 보고 다음 물음에 답해 보세요.

보기

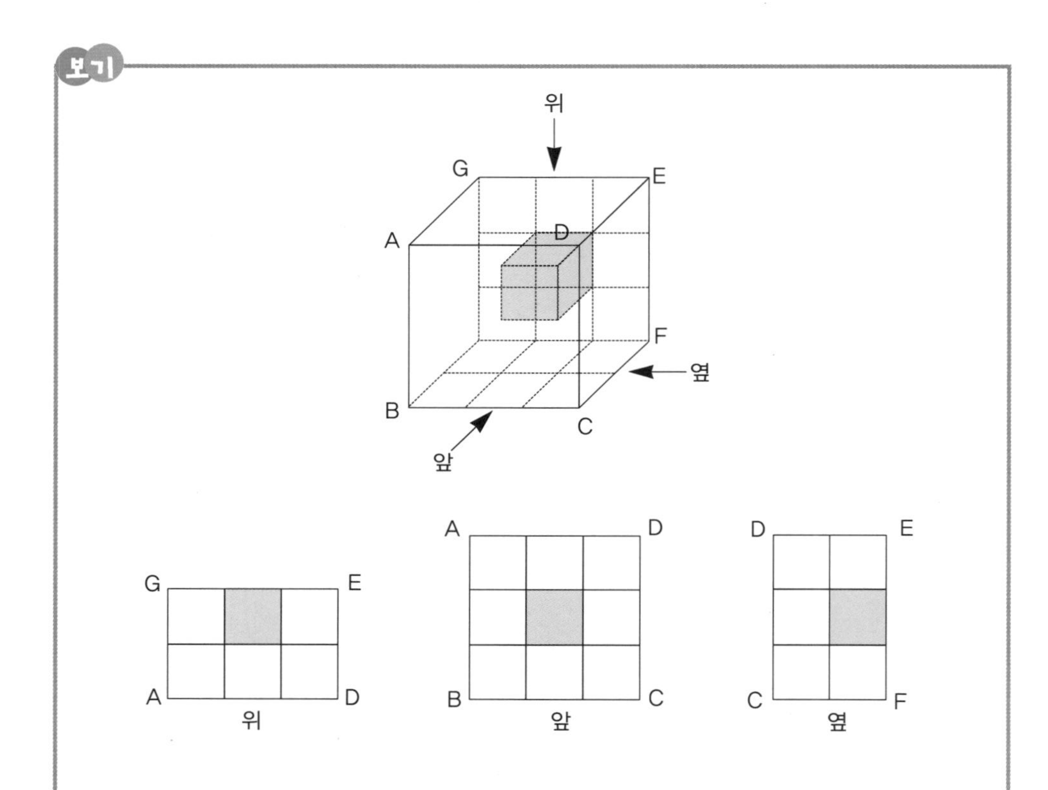

- 투명한 쌓기나무 17개와 색칠된 쌓기나무 1개로 3×2×3(가로×세로×높이)의 쌓기나무를 만들어 이것을 위, 앞, 옆에서 본 모습이다.
- 색칠된 쌓기나무는 왼쪽에서 오른쪽으로 2번째, 뒤에서 앞으로 1번째, 아래에서 2번째 위치한다.
- 색칠된 쌓기나무의 위치는 (2, 1, 2)로 표현할 수 있다.

① 투명한 쌓기나무와 색칠된 쌓기나무로 그림과 같은 직육면체를 만들었습니다. 위, 앞, 옆에서 본 모습을 그려 보세요.

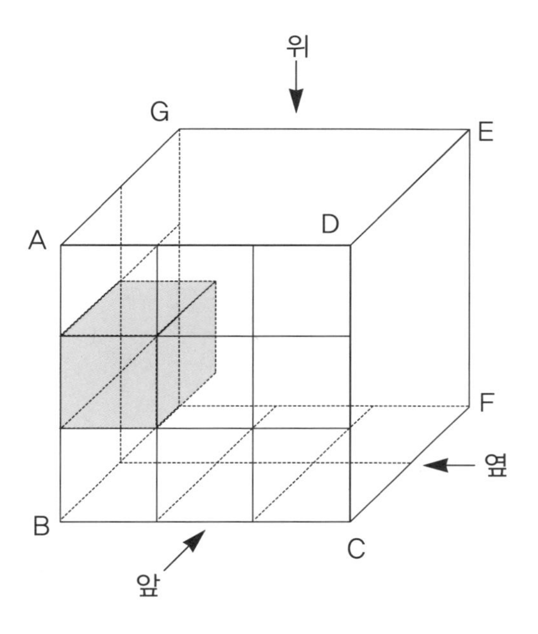

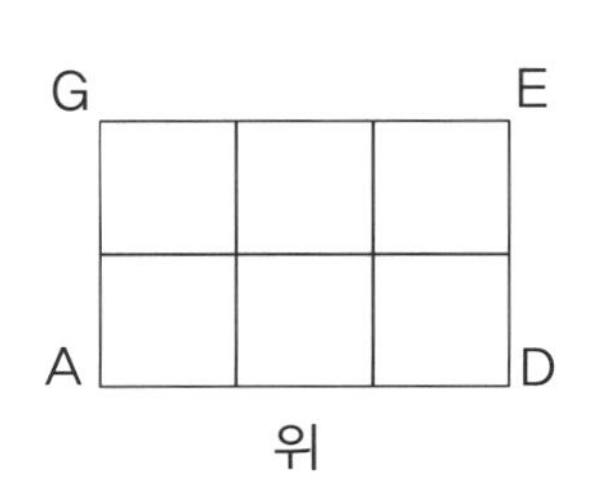

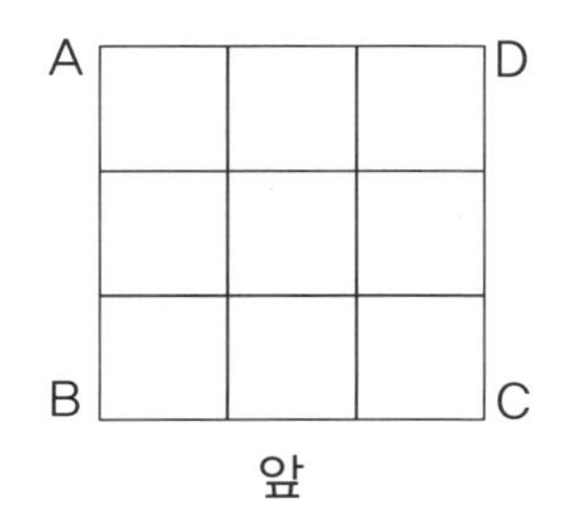

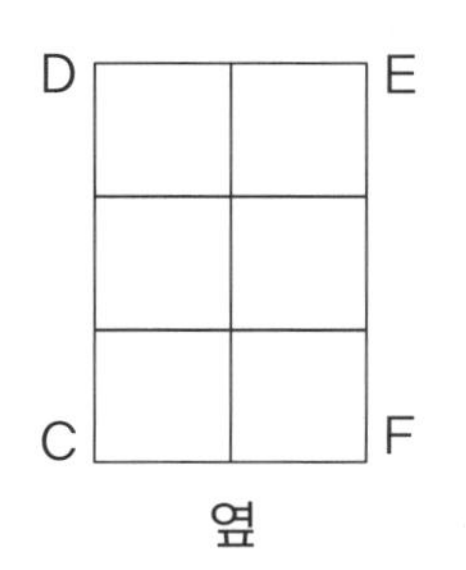

② 투명한 쌓기나무와 색칠된 쌓기나무로 그림과 같은 직육면체를 만들었습니다. 위, 앞, 옆에서 본 모습을 그려 보세요.

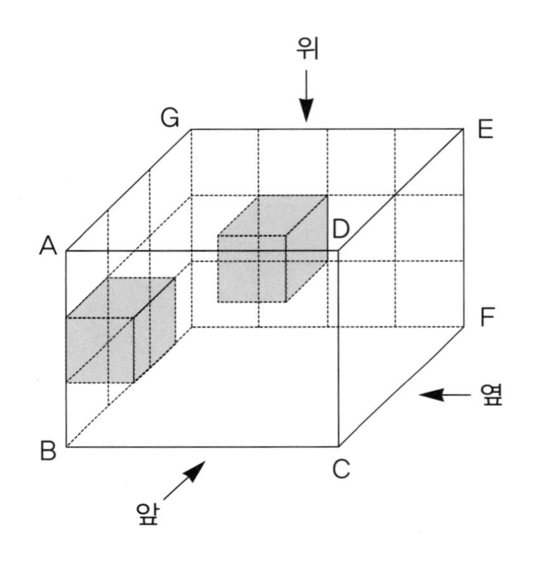

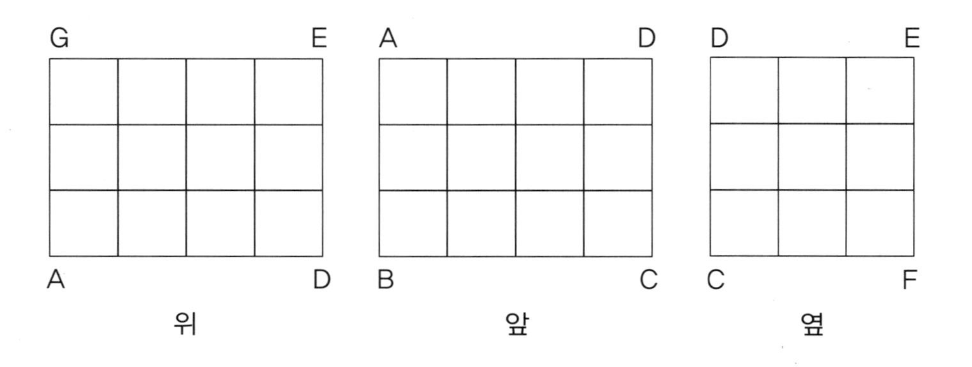

③ 투명한 정육면체와 색칠된 정육면체로 직육면체를 만든 후 위, 앞, 옆에서 본 모습은 다음과 같습니다. 색칠된 정육면체의 위치를 순서쌍으로 나타내 보세요.

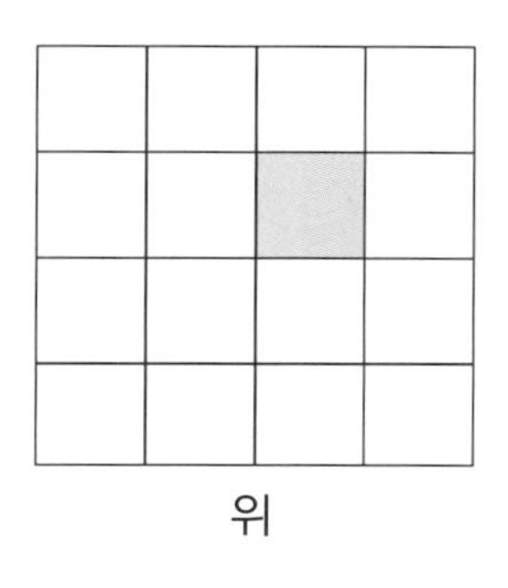
위

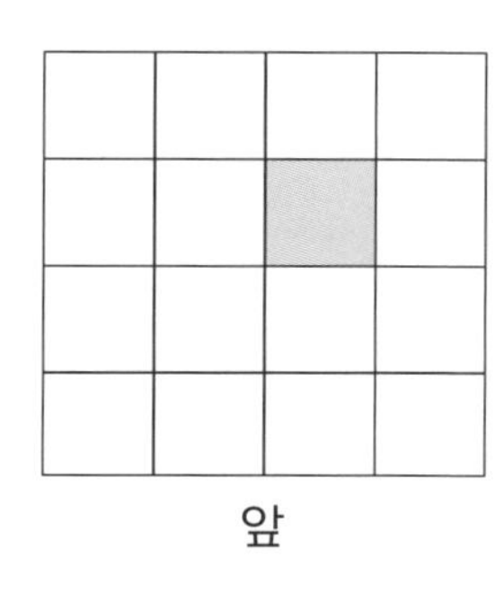
앞

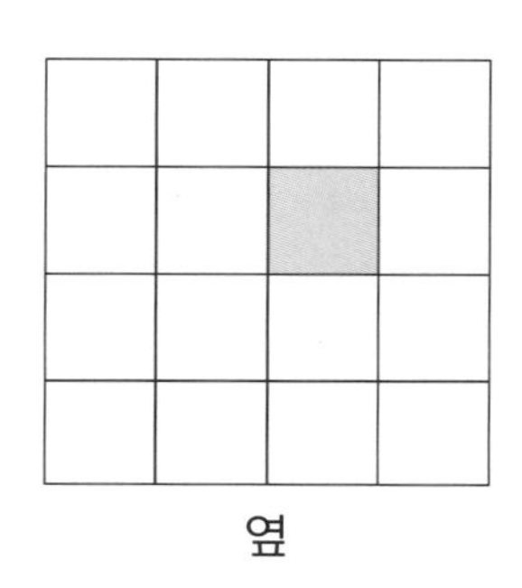
옆

④ 투명한 정육면체와 색칠된 정육면체로 직육면체를 만든 후 위, 앞, 옆에서 본 모습은 다음과 같습니다. 색칠된 정육면체의 위치를 순서쌍으로 나타내 보세요.

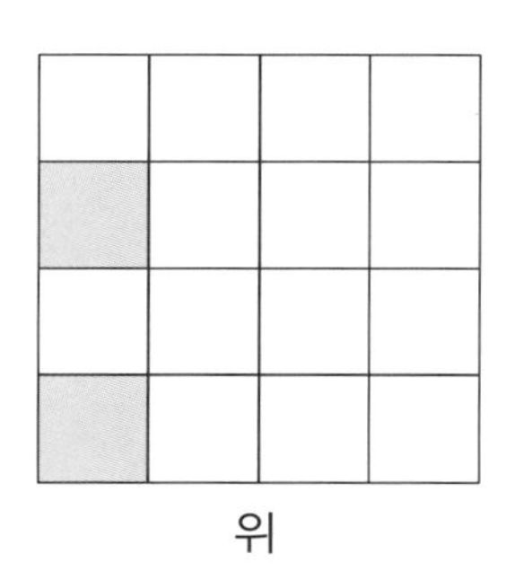
위

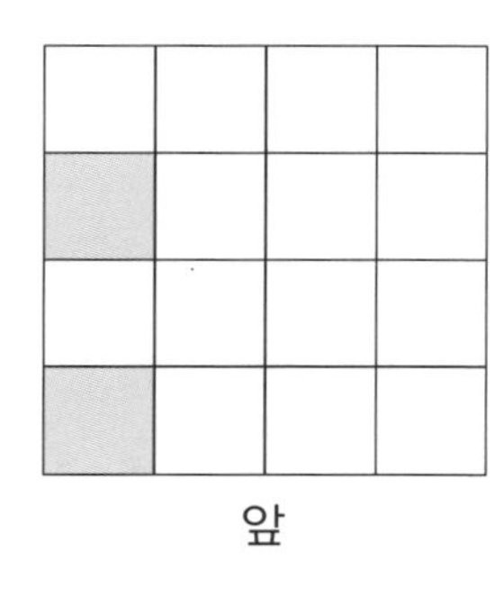
앞

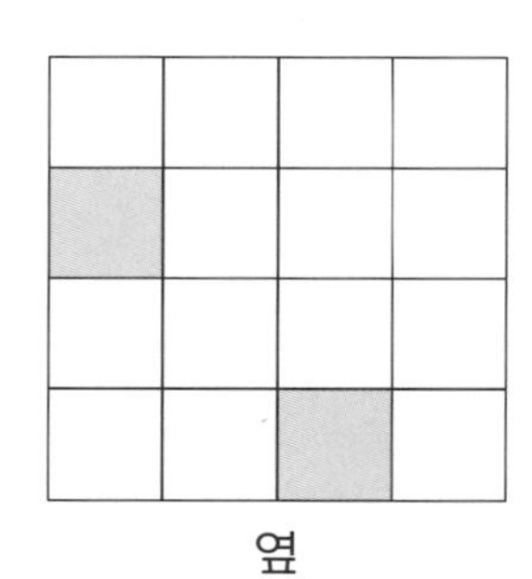
옆

기둥과 뿔

1. 입체도형에 대해 알아보고자 합니다. 다음 물음에 답해 보세요.

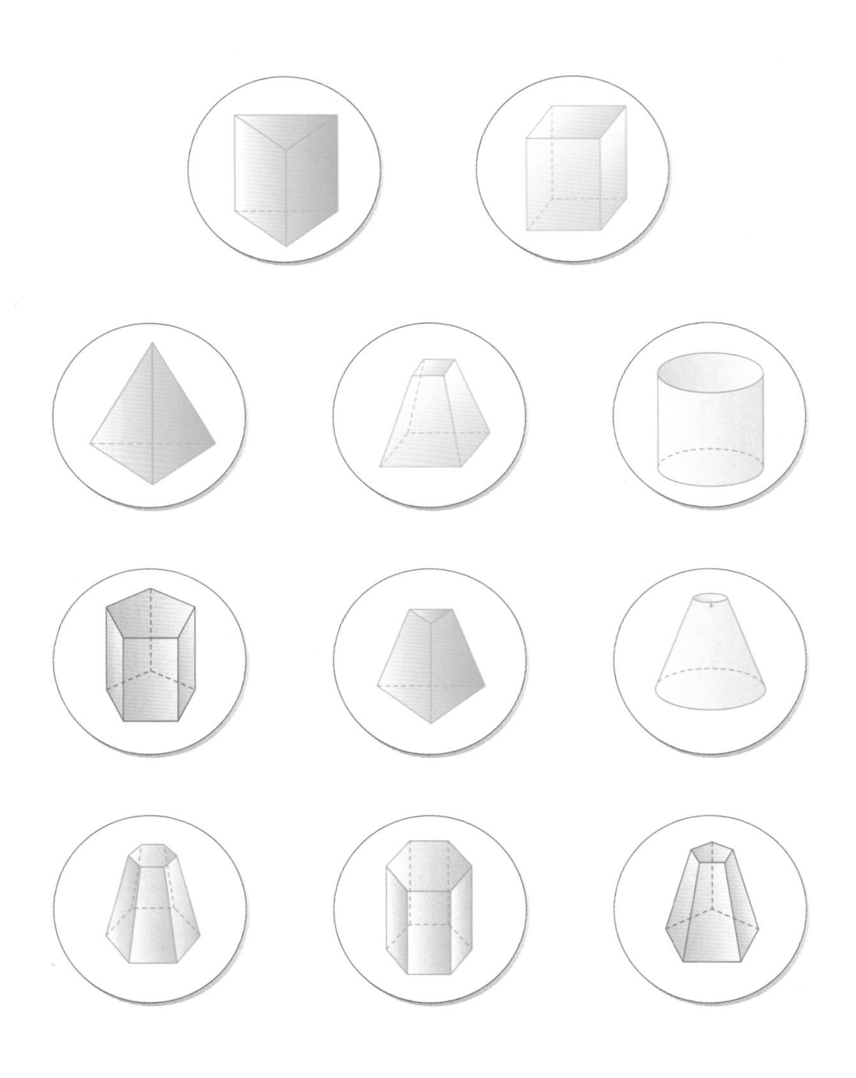

① 입체도형을 기둥인 것과 기둥이 아닌 것으로 다음과 같이 분류했습니다. 분류한 것을 보고 기둥의 정의에 대해 써 보세요.

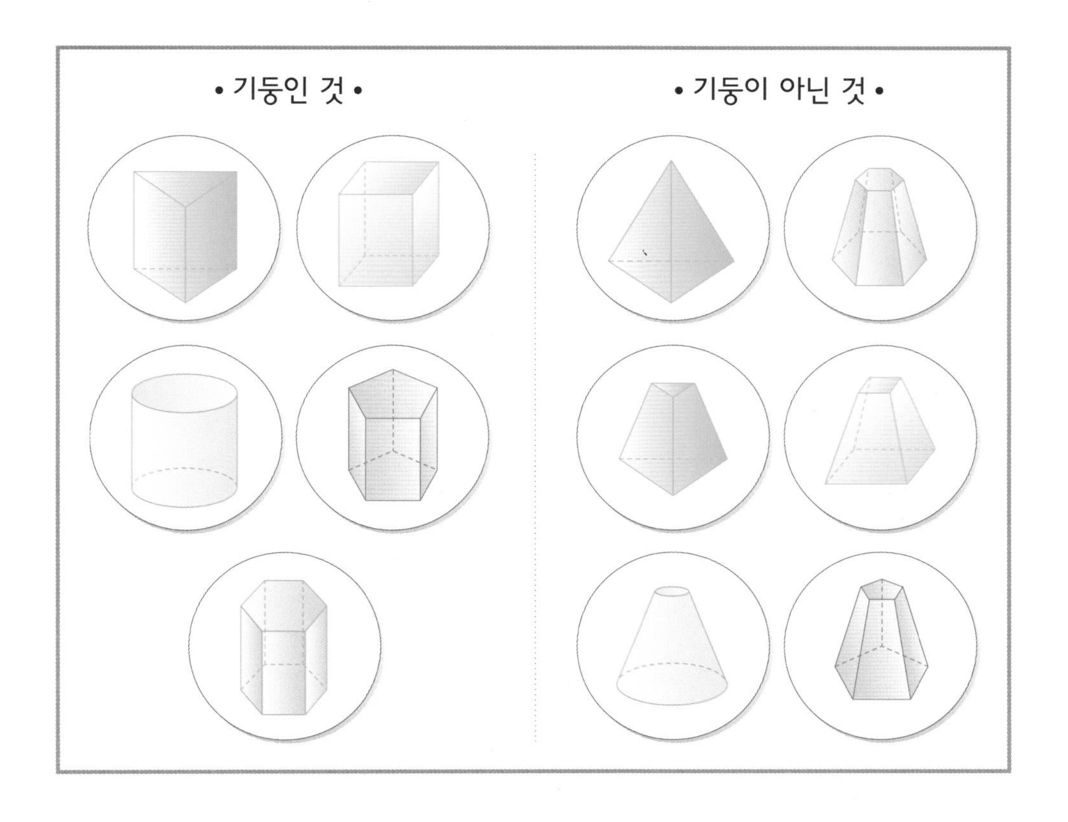

② ①에서 나눈 **기둥인 것**을 다시 둘로 나누었습니다. 어떤 기준으로 나눈 것인지 써 보세요.

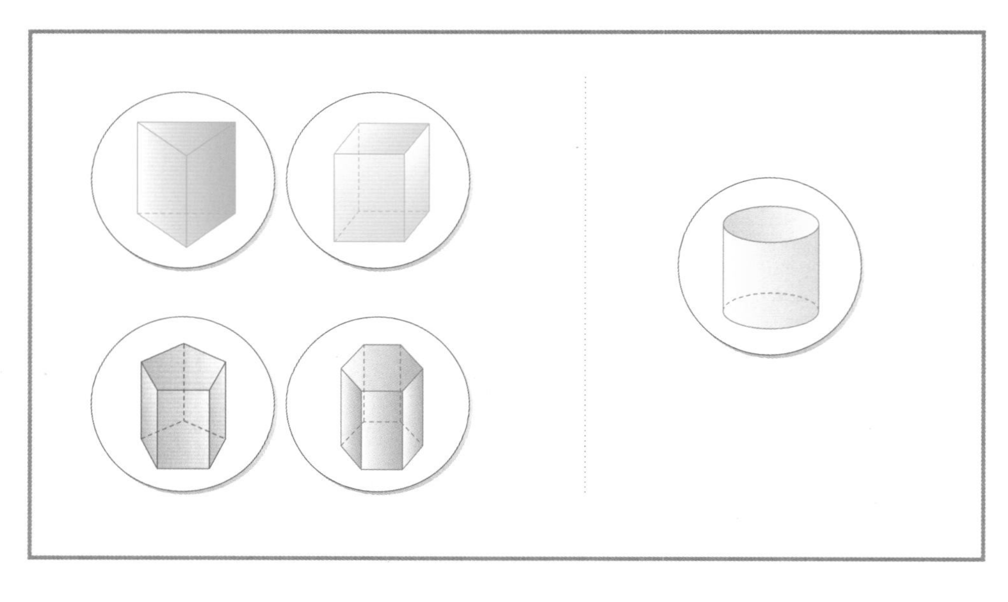

② '뿔' 에 대해 알아보고자 합니다. 보기 를 보고 다음 물음에 답해 보세요.

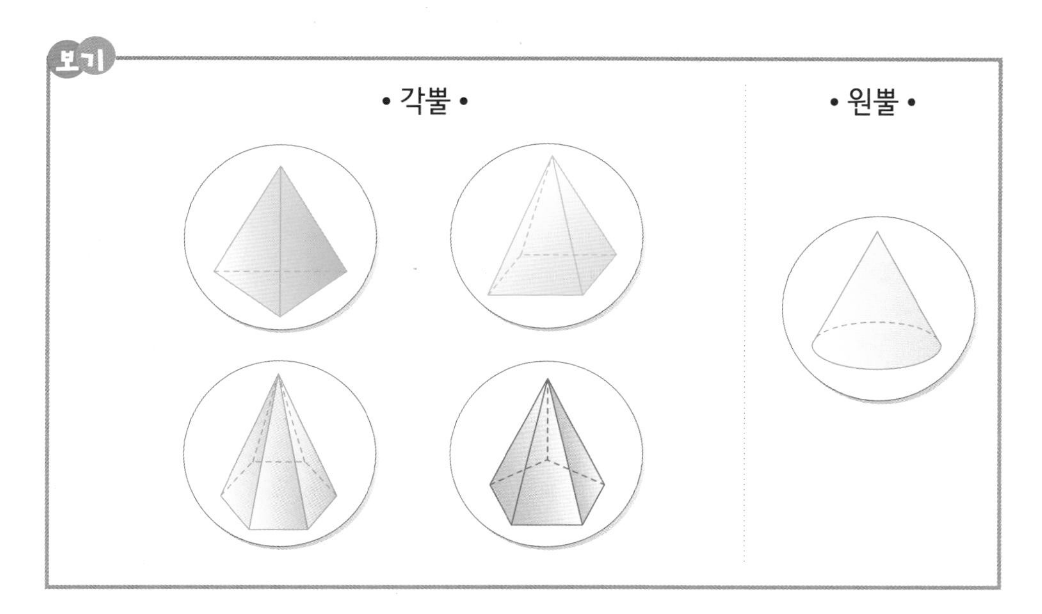

① 뿔의 정의를 써 보세요.

② 각뿔과 원뿔의 다른 점은 무엇인지 써 보세요.

3 기둥과 뿔의 이름은 밑면의 모양에 따라 다릅니다. 입체도형의 이름과 면, 모서리, 꼭짓점의 개수를 적어 입체도형의 이름표를 만들어 보세요.

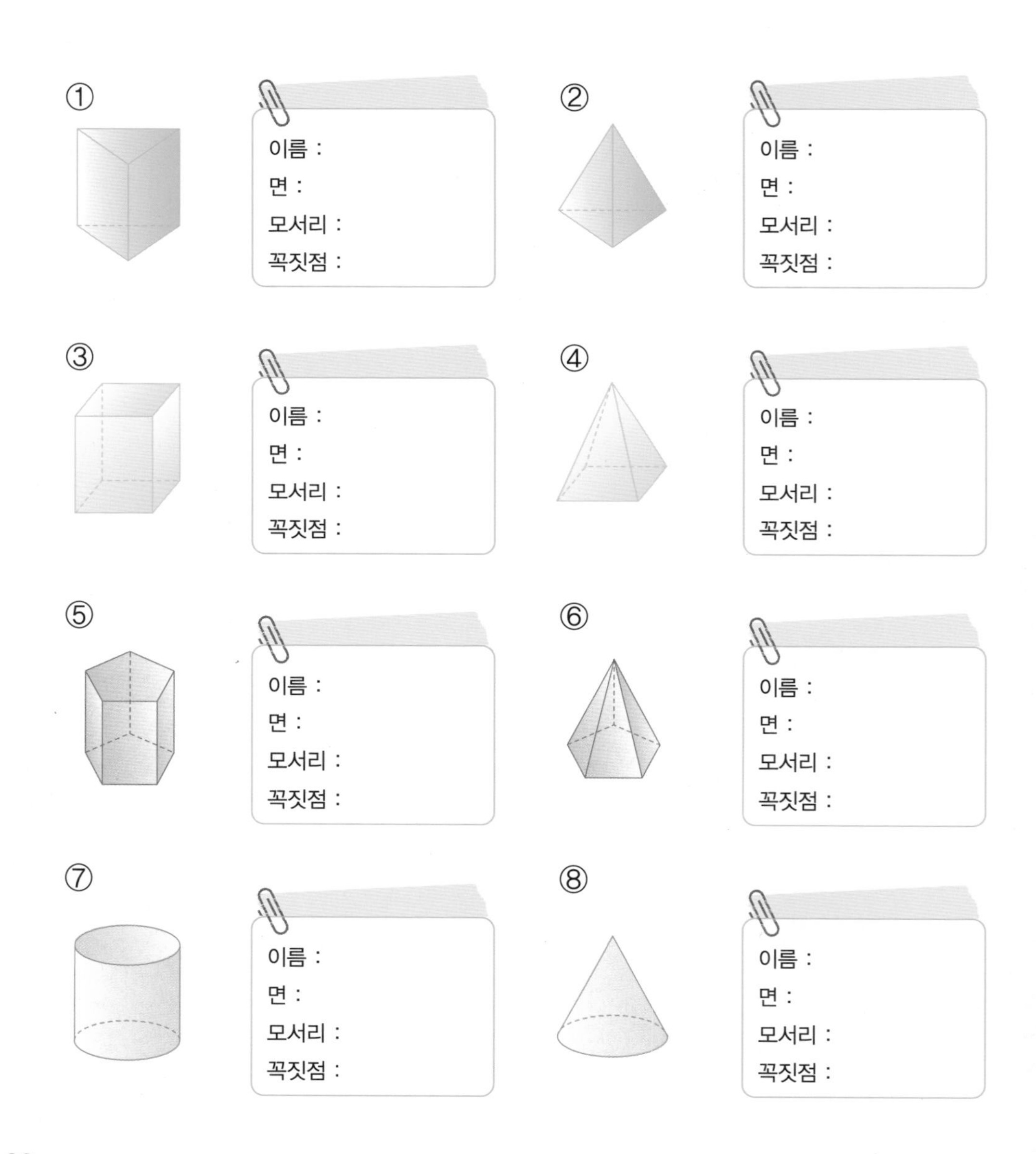

④ 은솔이네 반 친구들은 기둥과 뿔에 대한 문제를 각자 한 개씩 만들기로 했습니다. 친구들이 낸 문제의 답을 써 보세요.

각뿔과 원기둥의 전개도

1 다음은 각기둥 또는 각뿔의 전개도를 잘못 그린 것입니다. 없애야 할 면 한 개를 찾아 ╳ 표를 해 보세요.

①

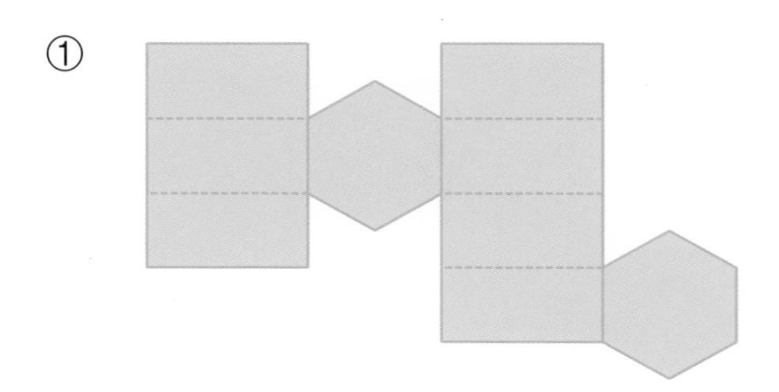

②

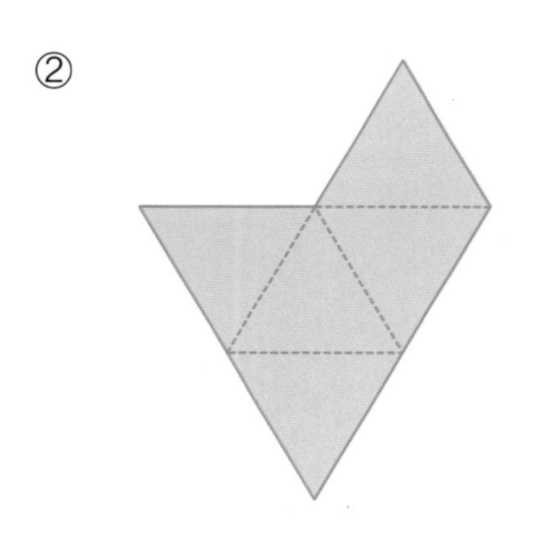

③

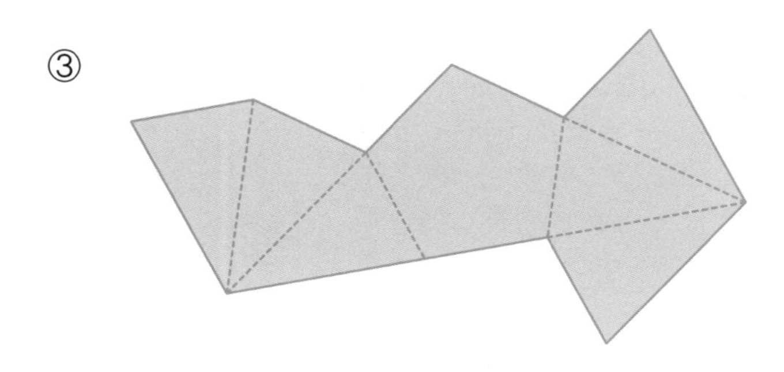

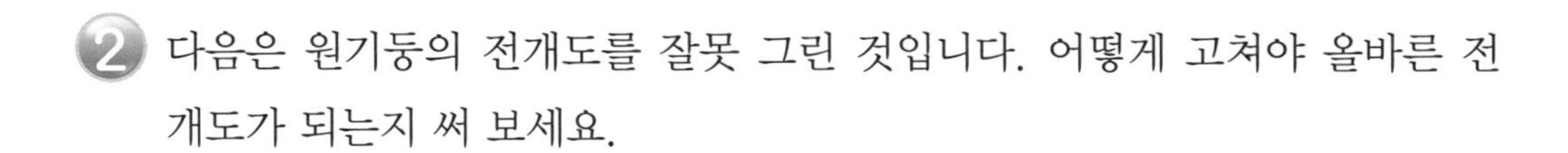

2 다음은 원기둥의 전개도를 잘못 그린 것입니다. 어떻게 고쳐야 올바른 전개도가 되는지 써 보세요.

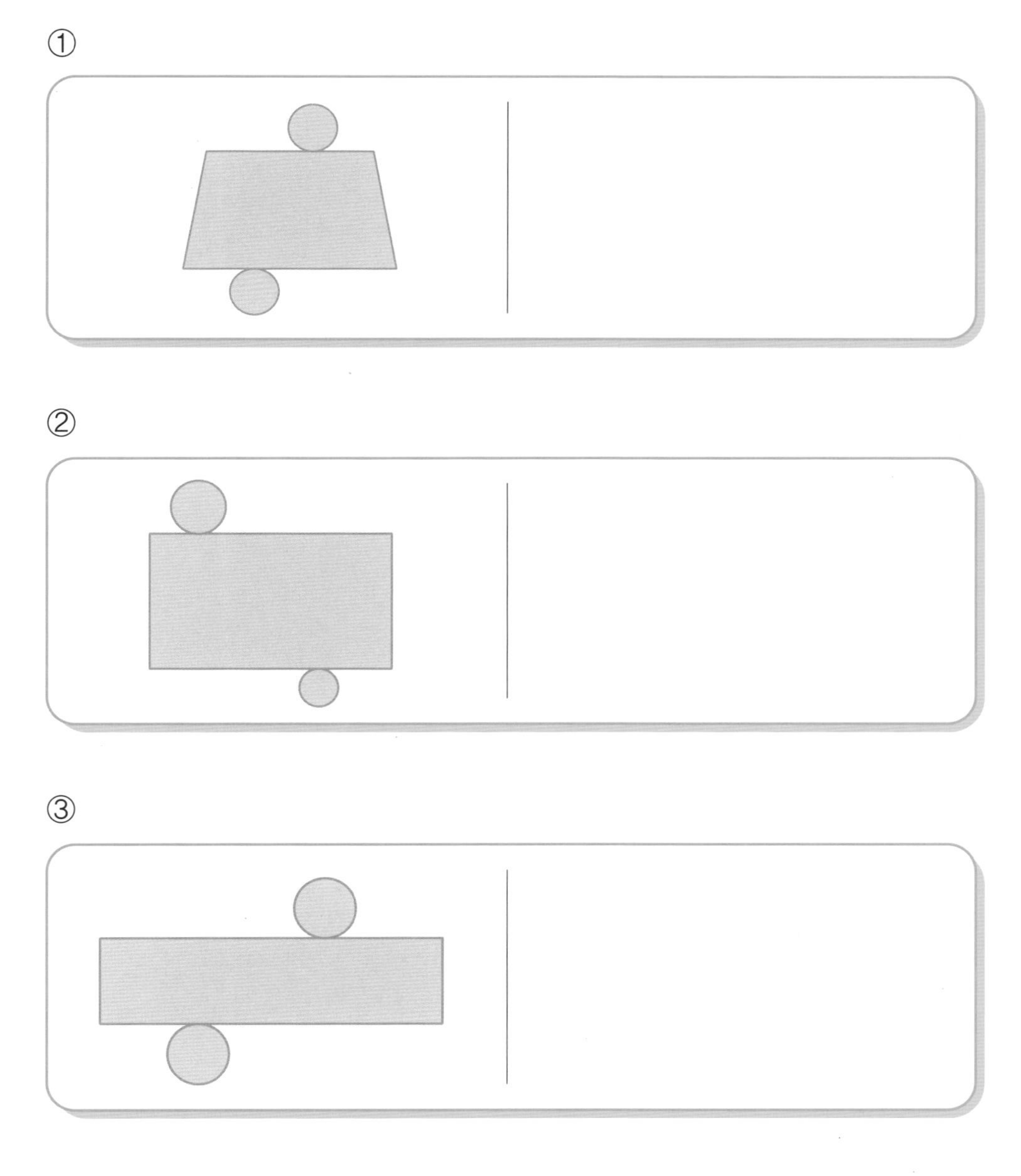

①

②

③

전개도의 활용

1 입체도형에 아래와 같이 빨간색 선을 그었습니다. 이 입체도형을 전개했을 때 나머지 선들은 어떻게 나타날지 그려 보세요.

①

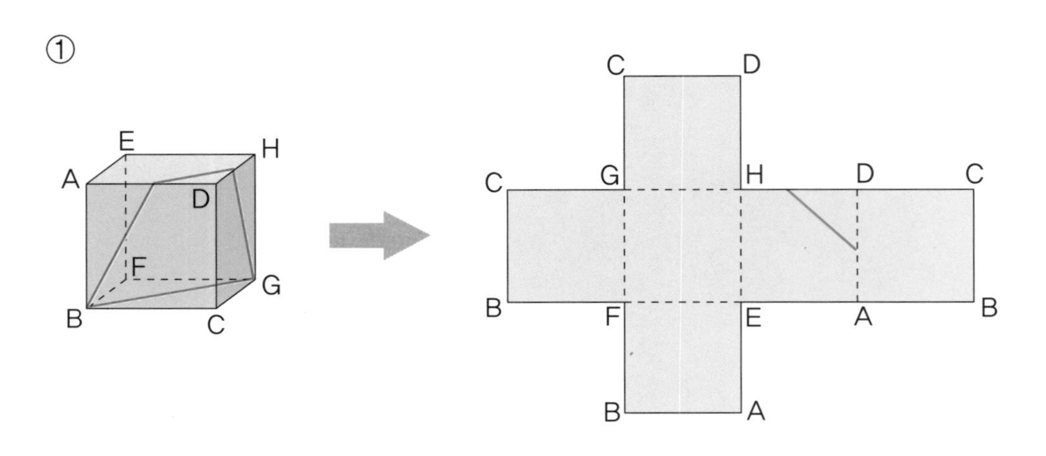

②

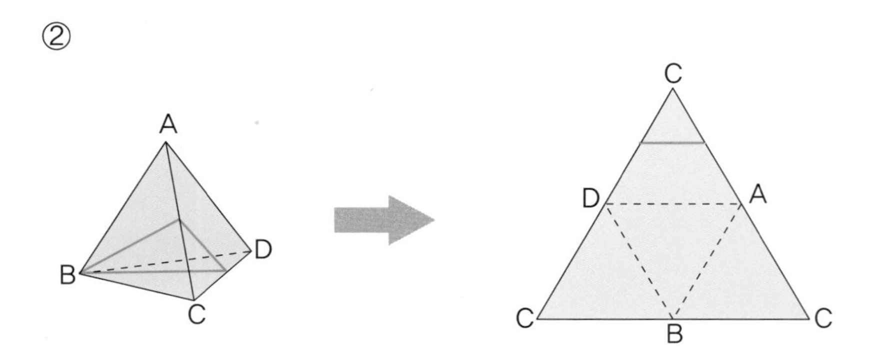

2 다음 입체에서 빨간색 선은 선 양쪽 끝의 최단거리를 나타냅니다. 도형의 전개도를 만들어 빨간색 선의 모양은 어떻게 나타날지 그려 보세요.

①

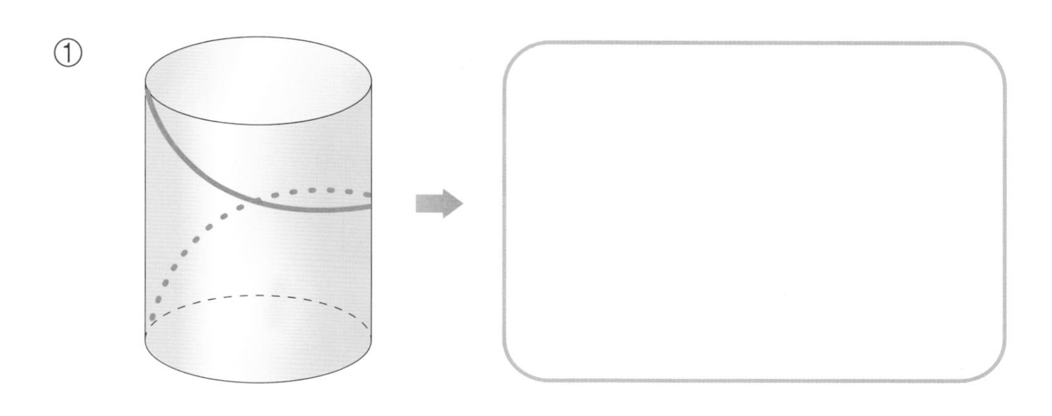

②

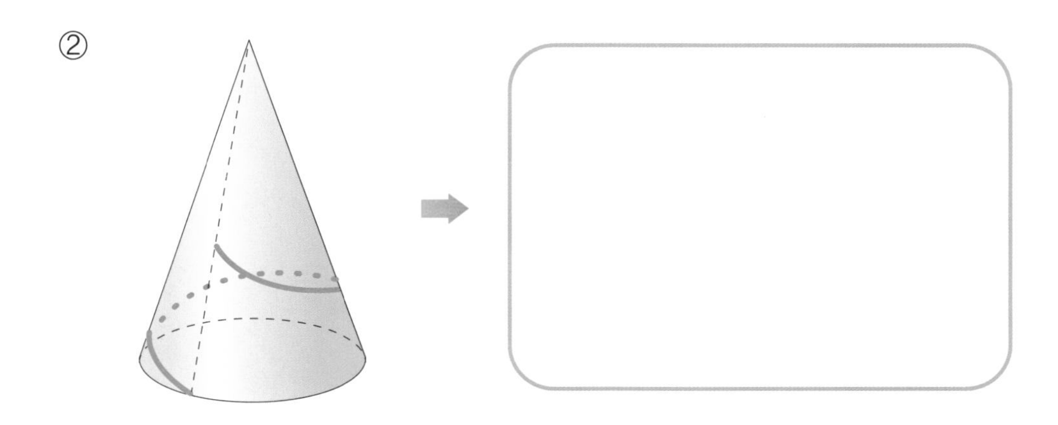

Memo

수와 연산

교과서 속 수와 연산 알기

분수와 소수의 나눗셈

- 나누는 수가 분수인 나눗셈
- 나누는 수가 소수인 나눗셈

분수와 소수의 혼합 계산

- 간단한 분수와 소수의 혼합 계산

나눗셈 퍼즐

1 지혜와 총명이는 소수의 나눗셈 퍼즐 문제를 풀고 있습니다. 아래 식에서 각각의 알파벳은 하나의 숫자이며, 다른 알파벳은 다른 숫자입니다. 지혜와 총명이가 말하는 계산법으로 각 알파벳이 나타내는 숫자를 구해 보세요.

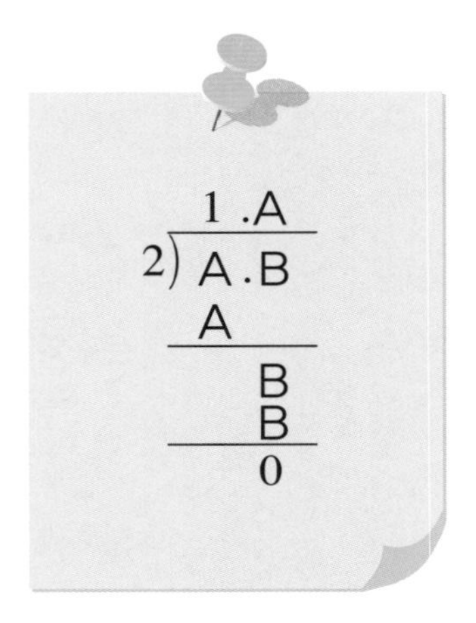

2 나눗셈 퍼즐 문제를 해결해 A, B, C, D에 알맞은 수를 각각 구해 보세요.

①

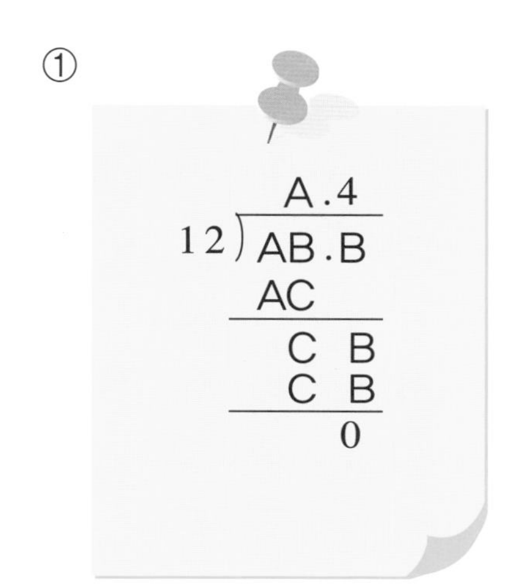

②

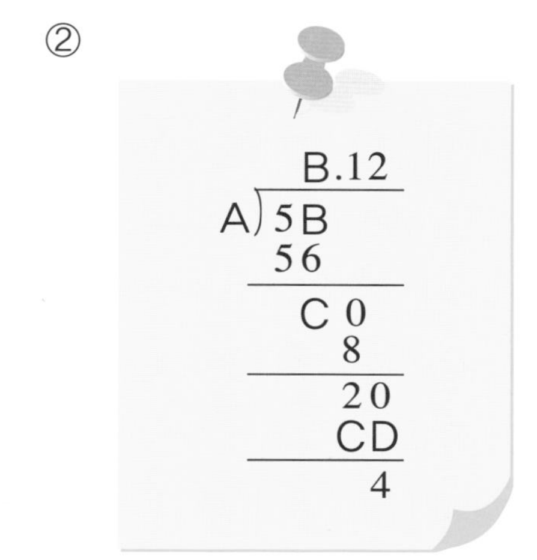

3 나눗셈 퍼즐 문제를 해결하려고 합니다. 빈칸에 알맞은 수를 채워 보세요.

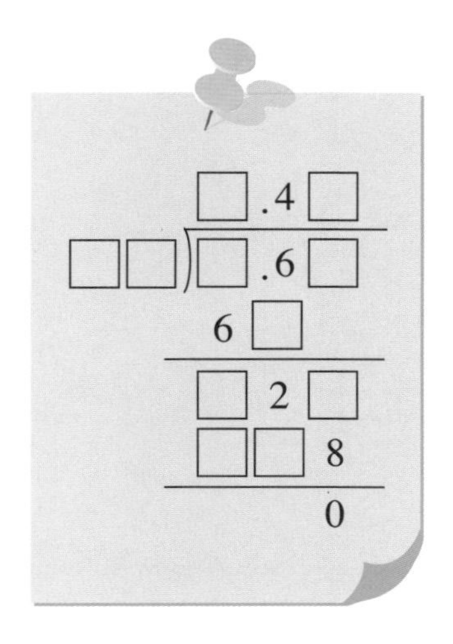

큰 소수, 작은 소수

1 주어진 숫자로 만들 수 있는 곱셈 중 곱셈의 결과가 가장 큰 소수와 가장 작은 소수를 찾아보세요.

①

2 3 5 6 7

가장 큰 소수	가장 작은 소수
□□.□	□□.□
× □.□	× □.□

②

1 2 6 7 8

가장 큰 소수	가장 작은 소수
□□.□	□□.□
× □.□	× □.□

2 이번에는 주어진 숫자에 0이 들어갑니다. 주어진 숫자로 만들 수 있는 곱셈 중 곱셈의 결과가 가장 큰 소수와 가장 작은 소수를 찾아보세요.

①

0 1 2 3 4

가장 큰 소수	가장 작은 소수
□□.□	□□.□
× □.□	× □.□

②

0 3 4 7 8

가장 큰 소수	가장 작은 소수
□□.□	□□.□
× □.□	× □.□

홀수와 짝수

1 창의, 탐구, 창조는 번갈아가며 두 사람씩 가위바위보를 했습니다. 한 번의 가위바위보에서 이기면 2점, 지면 0점, 비기면 1점을 얻습니다. 서로 상대를 바꾸어 가면서 가위바위보를 여러 번 했을 때 얻을 수 있는 점수에 대한 다음 물음에 답해 보세요.

① 창의, 탐구, 창조의 점수가 각각 1, 2, 3점인 경우가 있을 수 있나요?

② 창의, 탐구, 창조의 점수가 각각 1, 2, 2점인 경우가 있을 수 있나요?

③ 창의, 탐구, 창조의 점수가 각각 81, 83, 85점인 경우가 있을 수 있나요?

2 전국 초등학교 야구 대회에 매우 많은 팀이 참가했습니다. 이 대회에서 홀수 번 시합한 팀은 반드시 짝수 개라고 합니다. 그 이유를 설명해 보세요.

3 어느 파티에 35명이 참석했습니다. 서로 악수를 하면서 이야기를 나누었는데 이 파티의 참석자 중에 짝수 번 악수한 사람이 반드시 있는지 알아보세요.(단, 0도 짝수라고 생각합니다.)

반사수

어떤 자연수의 순서를 거꾸로 배열해서 만든 수를 '반사수'라고 합니다. 규칙 을 통해 반사수의 특징을 알아보고 다음 물음에 답해 보세요.

규칙

- 어떤 자연수를 거꾸로 배열해 반사수를 만든다.

  예 762 —반사수→ 267

- 큰 수에서 작은 수를 뺀다.

  예 762−267……(1회 시행)

- 시행을 반복해 시행 결과가 0이 되면 멈춘다.(단, 한 자릿수의 반사수는 자기 자신이고, 30과 같이 10의 배수들의 반사수는 03 즉, 3이 된다.)

예

$$\begin{array}{r} 762 \\ -267 \\ \hline 495 \end{array} \Rightarrow \begin{array}{r} 594 \\ -495 \\ \hline 99 \end{array} \Rightarrow \begin{array}{r} 99 \\ -99 \\ \hline 0 \end{array}$$

(1회 시행) (2회 시행) (3회 시행)

① 처음 수가 두 자릿수일 때, 시행 횟수를 알아보세요.

❶ 94는 몇 회의 시행으로 0이 되나요?

❷ 58은 몇 회의 시행으로 0이 되나요?

❸ 1회 시행 이후에 나타나는 수들은 어떤 특징을 가지고 있나요?

❹ 두 자릿수 중에서 시행 횟수가 가장 많을 때는 몇 회인가요?

② 처음 수가 세 자릿수일 때, 시행 횟수를 알아보세요.

❶ 635, 774는 각각 몇 회의 시행으로 0이 되나요?

❷ 1회 시행 이후에 나타나는 수들은 어떤 특징을 가지고 있나요?

❸ 세 자릿수 중에서 시행 횟수가 가장 많을 때는 몇 회인가요?

최후에 도달하는 숫자

다음 그림과 같이 0에서 9까지의 숫자가 같은 간격으로 원 둘레에 쓰여 있습니다. 0에서 출발하여 시계 바늘이 도는 방향으로 한 번에 일정한 칸씩 뛰어갑니다. 다음 물음에 답해 보세요.(단, 다음 그림은 한 번에 3칸씩 뛰어 4번째에 2에 도달한 것입니다.)

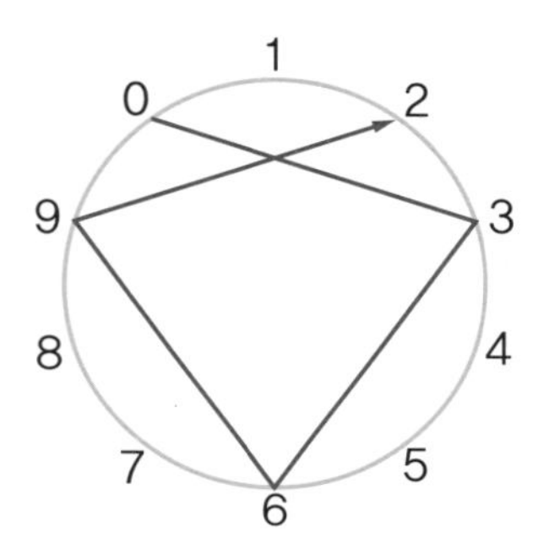

① 한 번에 3칸씩 뛰어갈 때, 10번째 도달하는 숫자는 무엇인가요? 또, 2003번째 도달하는 숫자는 무엇인가요?

② 한 번에 7칸씩 뛰어갈 때, 2003번째 도달하는 숫자는 무엇인가요?

가장 긴 단계가 나오는 수

보기 와 같이 어떤 자연수가 홀수면 1을 더하고 짝수면 반으로 나누어 가면서 처음 수가 1이 될 때까지 계속해서 같은 작업을 시행합니다. 다음 물음에 답해 보세요.

보기

11 ➡ 12 ➡ 6 ➡ 3 ➡ 4 ➡ 2 ➡ 1……(6단계)

(홀수) +1 (짝수) ÷2 ÷2 +1 ÷2 ÷2

① 5 이하의 자연수 중에서 가장 긴 단계가 나오는 수는 무엇인가요?

② 10 이하의 자연수 중에서 가장 긴 단계가 나오는 수는 무엇인가요?

③ 각 단계 수를 만족하는 가장 작은 자연수는 무엇인지 다음 표를 완성해 보세요.

단계 수	1	2	3	4	5	6	7	8	9	10
최소의 자연수	2	4								

전체 구하기

1 와이즈만 대학교 수학과에 합격한 민우의 형이 싱글벙글 웃으며 집으로 돌아왔습니다. 다음 대화를 잘 읽고 물음에 답해 보세요.

민　우 : 형, 대학교 합격을 축하해. 이번에 수학과에 몇 명이나 합격했어? 그리고 그 대학교의 수학과 전체 학생은 모두 몇 명이야?

민우형 : 수학과 전체 학생 수는 이번에 합격한 학생 수와 그 학생 수의 7배만큼을 더하고, 거기에 이번에 합격한 학생 수의 $\frac{1}{2}$, $\frac{1}{3}$, $\frac{1}{6}$을 모두 더해. 그리고 마지막으로 1명을 더 더하면 구할 수 있어.

민　우 : 이번에 수학과에 합격한 학생은 10명이지?

민우형 : 틀렸어. 10명이 합격했다면 원래 전체 학생 수보다 909명만큼 적어.

민　우 : 그러면 100명?

민우형 : 또 틀렸어. 그러면 원래 전체 학생 수보다 99명만큼 모자라.

① 와이즈만 대학교의 수학과 전체 학생 수는 몇 명인가요?

② 이번에 수학과에 합격한 학생 수는 몇 명인가요?

2 일요일 아침, 정현이와 신문을 읽던 아버지가 나눈 대화입니다. 다음 대화를 잘 읽고 물음에 답해 보세요.

정　현 : 어제 어떤 이상한 사람이 동물원에 침입해서 큰 새장을 열어 버렸대요. 새장 안에는 400마리의 새가 있었는데 200마리 이상 날아가 버렸고요.

아버지 : 그거 큰일이구나. 대부분의 새는 죽고 말 거야.

아버지 : 신문 기사에 남은 새들 중 $\frac{1}{3}$은 참새, $\frac{1}{4}$은 할미새, $\frac{1}{5}$은 카나리아, $\frac{1}{7}$은 구관조이고, $\frac{1}{9}$은 앵무새였다고 쓰여 있네.

① 위의 신문 기사에 나온 분수 중 하나가 잘못되었습니다. 어느 분수가 잘못된 분수인가요?

② 새는 모두 몇 마리나 날아가 버렸나요?

Memo

측정

교과서 속 측정 알기

원주율과 원의 넓이

- 원주율
- 원주와 원의 넓이

겉넓이와 부피

- 직육면체와 정육면체의 겉넓이
- 부피와 $1cm^3$, $1m^3$의 단위
- 직육면체와 정육면체의 부피
- 부피와 들이의 관계

원기둥의 겉넓이와 부피

- 원기둥의 겉넓이와 부피

원주에 관한 문제

1 아래 그림과 같이 트랙의 안쪽과 바깥쪽 선 간의 간격이 1m로 일정한 원형 트랙에서 창의와 탐구는 스케이트 시합을 하기로 했습니다. 창의는 트랙의 안쪽 선을 따라 돌고 탐구는 트랙의 바깥쪽 선을 따라 돌아, 먼저 한 바퀴를 도는 사람이 이기는 걸로 정했습니다. 다음 물음에 답해 보세요.

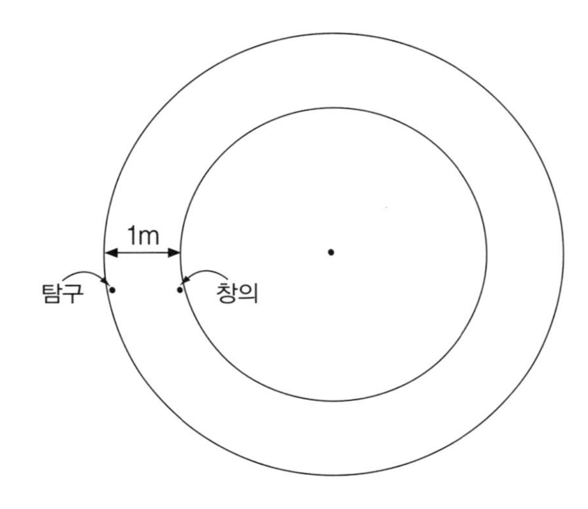

① 트랙의 중심에서 안쪽 선까지의 거리가 50m라면 탐구는 창의보다 얼마나 더 돌아야 하나요?

② 트랙의 중심에서 안쪽 선까지의 거리가 100m라면 탐구는 창의보다 얼마나 더 돌아야 하나요?

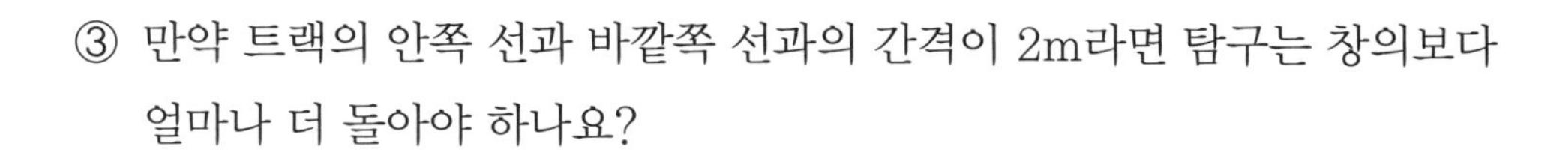

③ 만약 트랙의 안쪽 선과 바깥쪽 선과의 간격이 2m라면 탐구는 창의보다 얼마나 더 돌아야 하나요?

④ 안쪽 선과 바깥쪽 선과의 간격이 0.5m씩 늘어날 때마다 바깥쪽 선은 안쪽 선보다 얼마나 더 길어지나요?

⑤ 트랙의 안쪽 선보다 바깥쪽 선의 길이를 10m 더 길게 하려면 두 선 간의 간격은 얼마가 되어야 하나요?(반올림하여 소수 둘째 자리까지 구해 보세요.)

2 아래 그림은 밑면 지름이 7cm인 음료수 캔 4개를 늘어나지 않는 줄로 탄탄하게 묶은 뒤 바로 위에서 본 그림입니다. 사용된 줄이 짧은 것부터 순서대로 나열해 보세요.(단, 매듭의 길이는 생각하지 않습니다.)

①

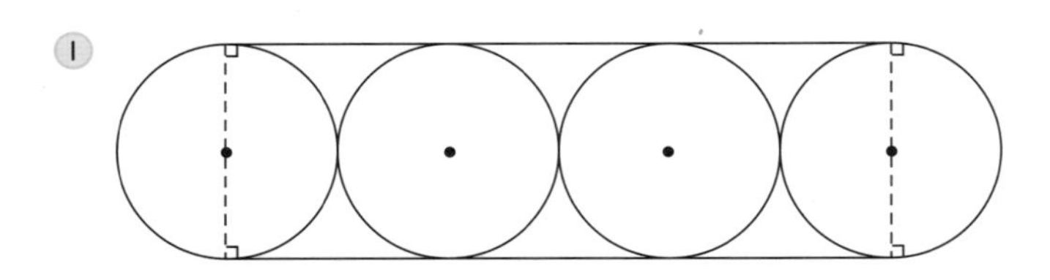

②

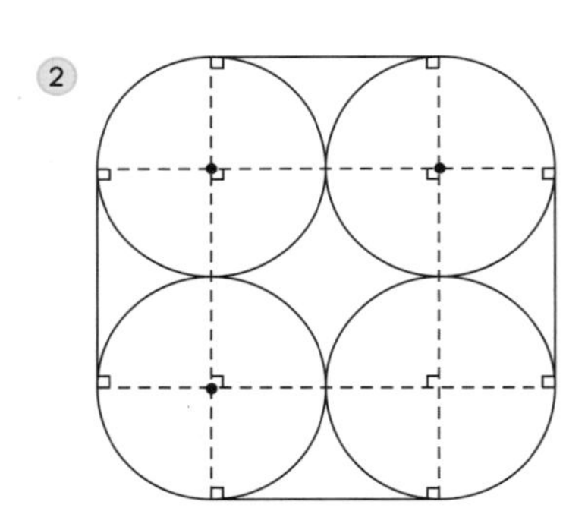

③

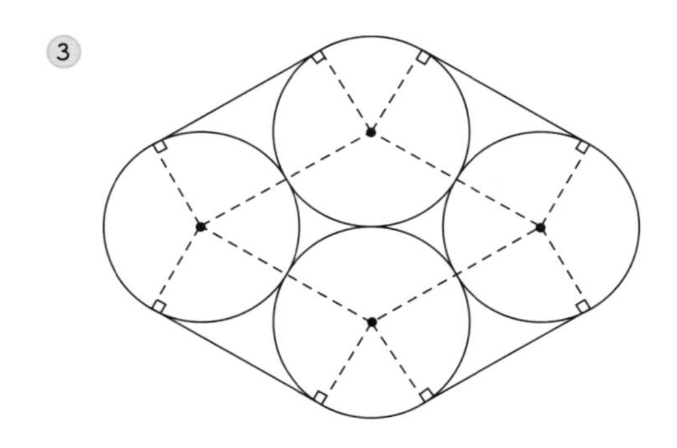

3 사자가 강아지를 쫓고 있습니다. 강아지는 무서운 사자를 피해 A지점에서 호수의 중심을 지나 B지점으로 일직선으로 헤엄치고 있습니다. 물을 싫어하는 사자는 강아지를 잡기 위해 호숫가를 돌아서 B지점으로 달려갑니다. 강아지가 사자에게서 무사히 도망칠 수 있을지 다음 물음에 답해 보세요.

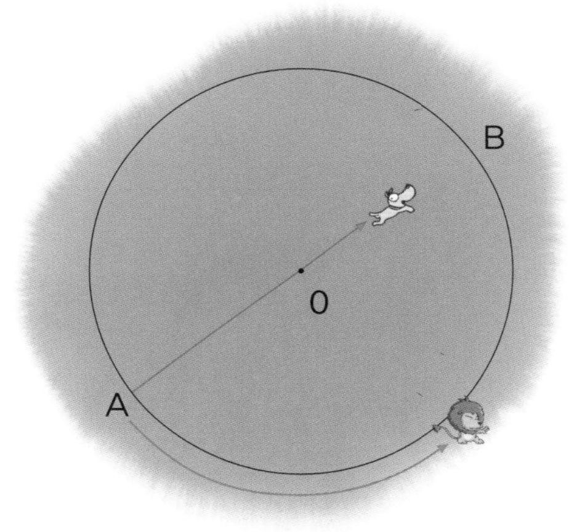

① 사자의 속력은 강아지가 헤엄치는 속력의 최소 몇 배여야 사자는 강아지를 잡을 수 있나요?

② 사자가 뛰는 속력은 강아지가 헤엄치는 속력의 2.5배라고 할 때, 강아지가 사자에게 잡히지 않고 무사히 벗어날 수 있는 방법을 알아보세요.

넓이 구하기

한준이는 주변에서 발견할 수 있는 여러 가지 모양의 문양을 관찰하다 무늬 각각의 넓이를 구할 수 있는지 궁금해졌습니다. 색칠된 부분의 넓이를 구해 보세요.

①

②

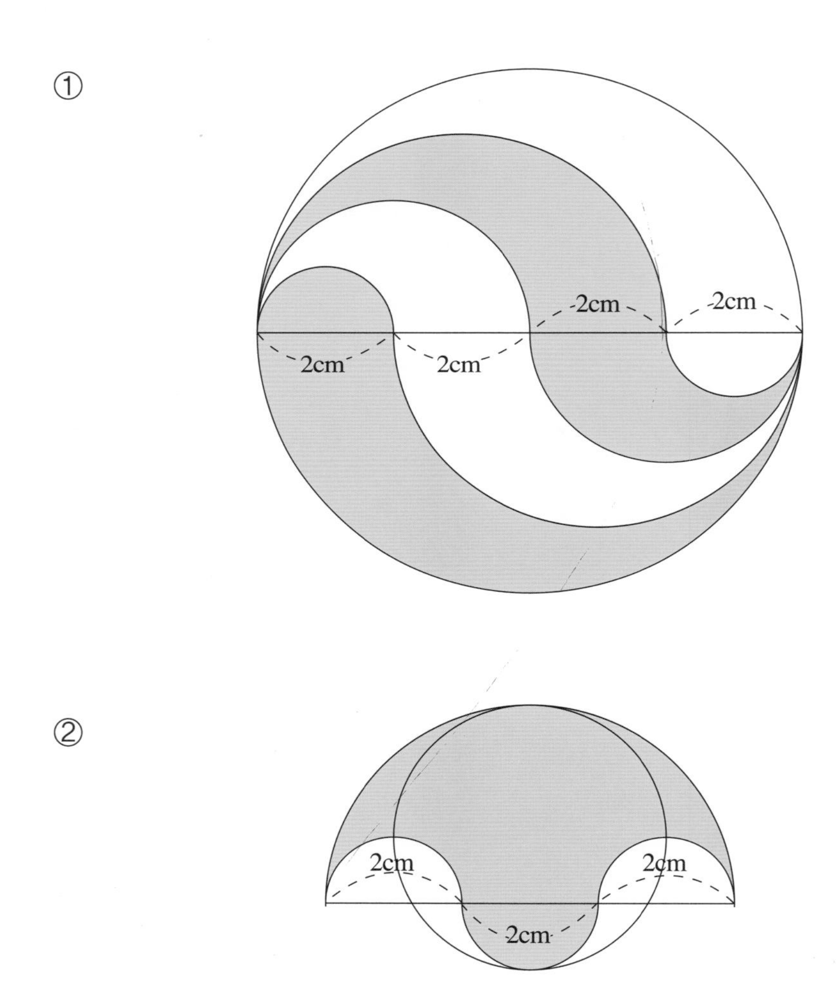

③

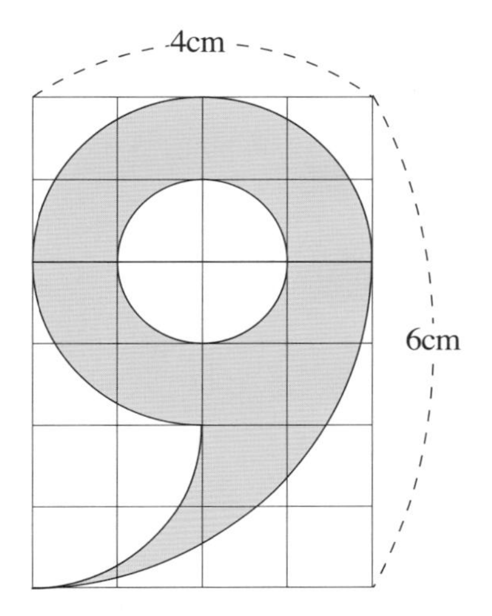

④

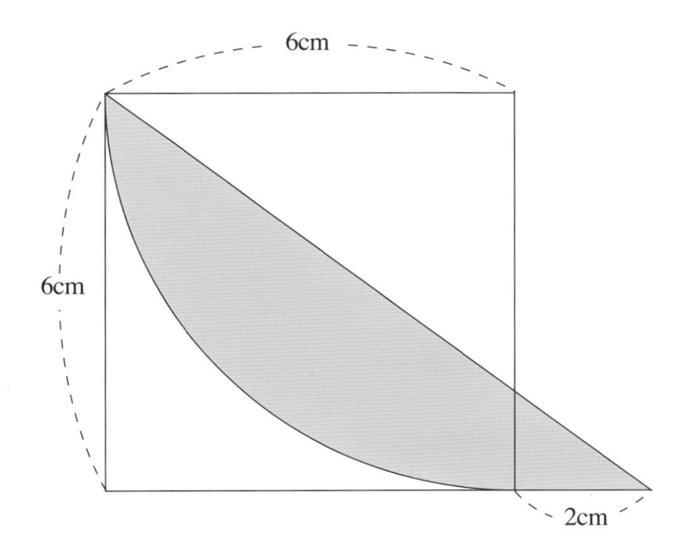

원에 관한 여러 가지 문제

1 다음 도형의 색칠된 부분의 넓이를 구해 보세요.

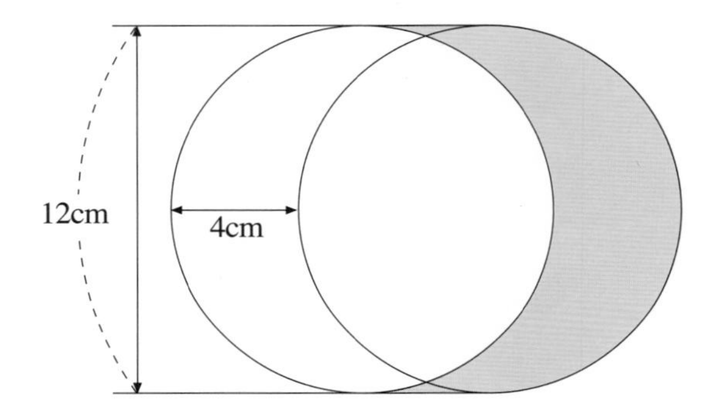

2 가로의 길이가 8cm, 세로의 길이가 6cm인 아래 그림과 같은 직사각형의 내부에 반지름의 길이가 1cm인 원이 지나간 자리에는 형광 페인트가 칠해진다고 합니다. 원의 중심이 그림과 같이 A에서 B까지 화살표를 따라 움직일 때, 직사각형의 내부에서 형광 페인트가 칠해지지 않는 부분의 넓이를 구해 보세요.

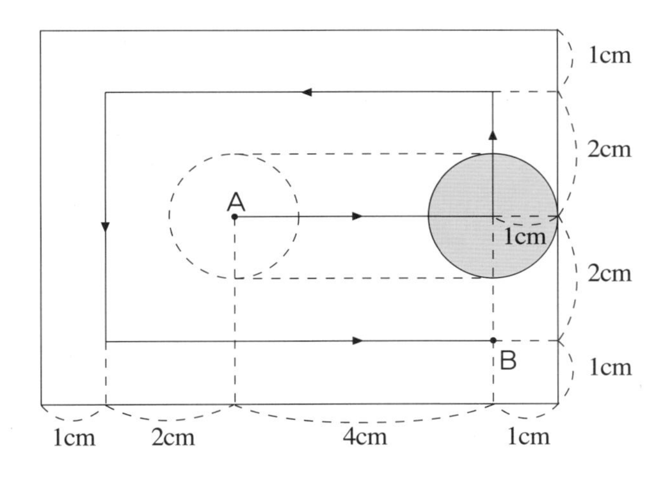

③ 원형 피자의 지름은 레귤러(Regular)가 약 23cm, 라지(Large)가 약 33cm 라고 합니다. 만약 레귤러 크기의 피자 가격이 라지 크기의 피자 가격에 반값이라고 할 때, 레귤러 피자 두 판과 라지 피자 한 판 중 어떻게 주문하는 것이 이득일까요?

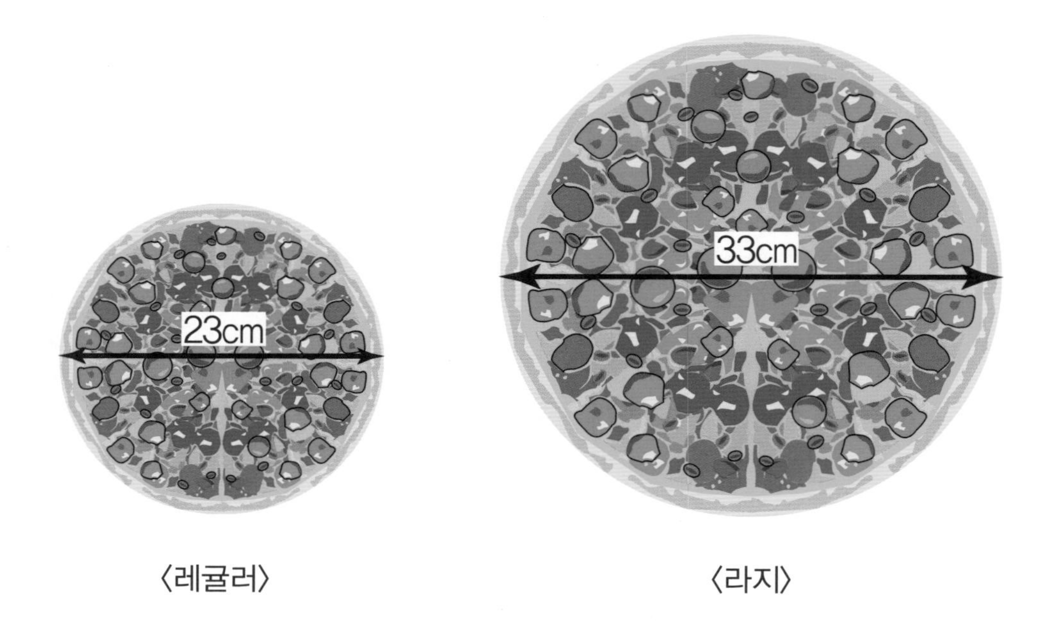

〈레귤러〉 〈라지〉

4 두께가 0.02cm인 두루마리 휴지가 지름 10cm의 중심축에 20cm의 굵기로 감겨져 있습니다. 두루마리 휴지의 전체의 길이를 구해 보세요.

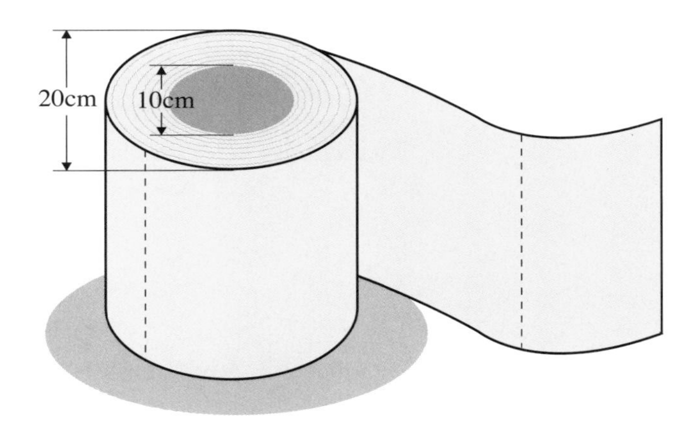

여러 가지 입체도형의 겉넓이

1. 다음은 크기가 같은 등변사다리꼴 4개로 이루어진 사각뿔대입니다. 겉넓이를 구해 보세요.

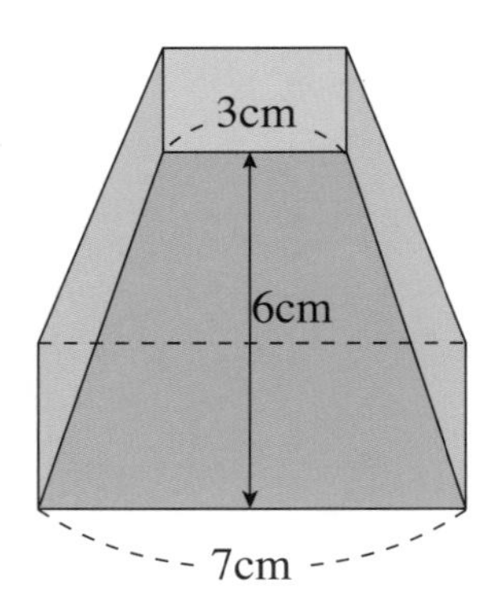

2. 다음 삼각기둥의 겉넓이를 구해 보세요.

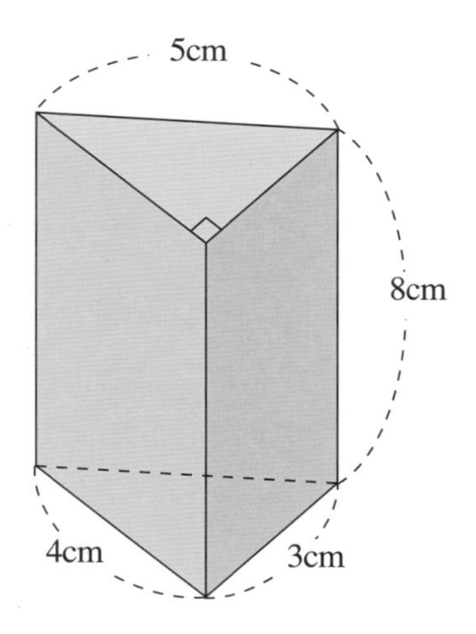

 다음 도형은 밑면이 점대칭도형으로 이루어진 각기둥입니다. 밑면의 모서리의 길이는 모두 같고, 안쪽의 사각형은 정사각형입니다. 이 각기둥의 겉넓이를 구해 보세요.

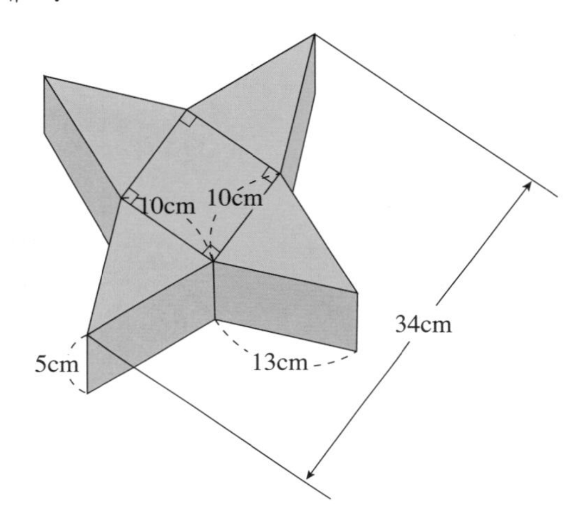

4 도형을 직선 l을 축으로 하여 회전시켜서 만든 입체도형의 겉넓이를 구해 보세요.

①

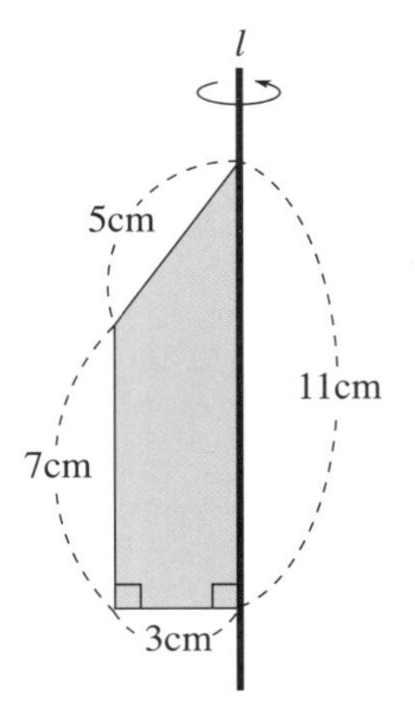

②

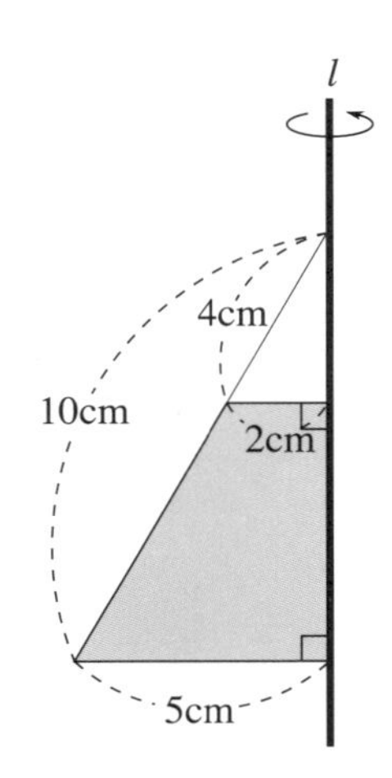

겉넓이의 활용

① 다음은 가로 6cm, 세로 5cm, 높이 3cm인 직육면체입니다. 이 직육면체에서 한 변의 길이가 1cm인 정사각형 모양의 구멍을 뚫었습니다. 구멍 하나를 뚫으면 겉넓이는 어떻게 변하는지 구해 보세요.

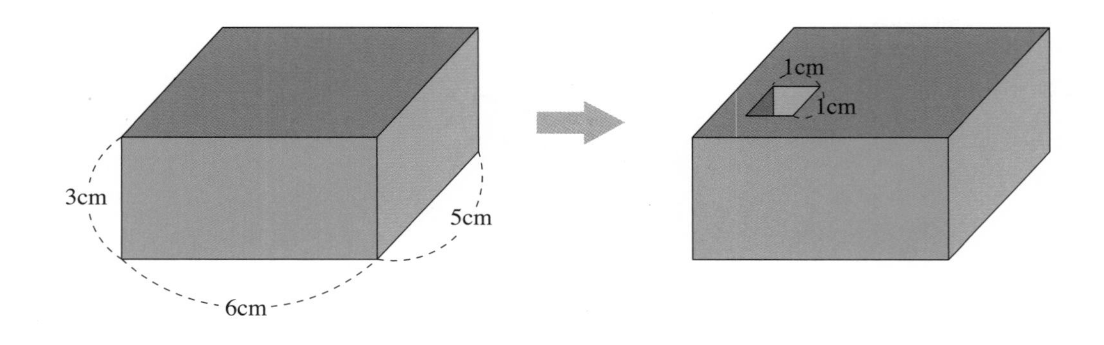

② ①의 직육면체에서 겹치지 않게 구멍을 2개, 3개 뚫었을 때 입체도형의 겉넓이를 구해 보세요.

3 다음과 같이 밑면이 막혀 있는 원기둥 모양 필통의 겉넓이를 구해 보세요.

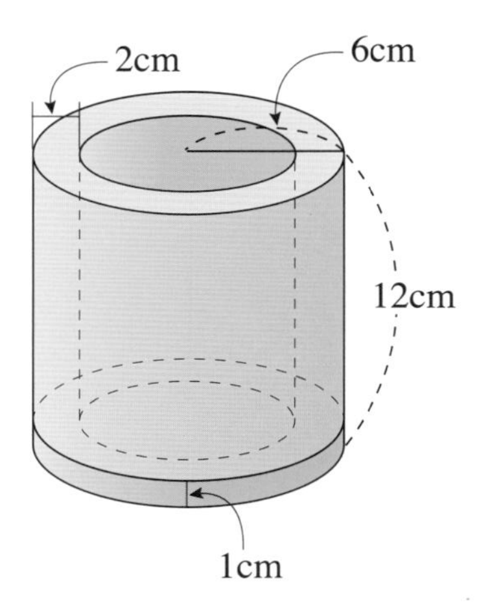

4 다음과 같이 가로 10cm, 세로 10cm, 높이 5cm인 정사각기둥 모양의 상자를 만들려고 합니다.

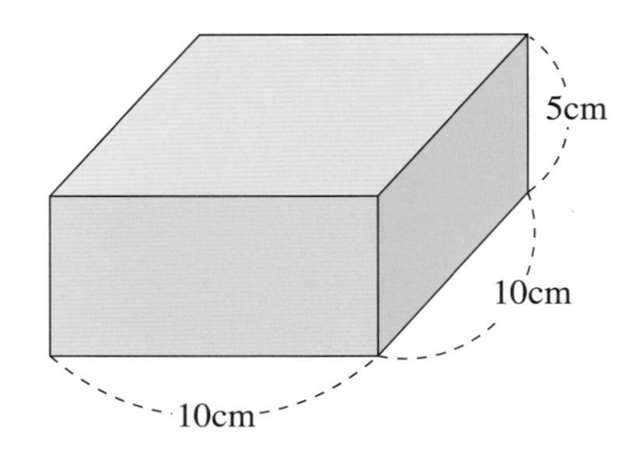

① 전개도를 이용하여 상자를 만들 때, 가로의 길이 45cm, 세로의 길이 35cm인 직사각형 모양의 종이로는 위의 상자를 최대 몇 개 만들 수 있나요?

② 한 변의 길이가 45cm인 정사각형 모양의 종이로는 위의 상자를 최대 몇 개 만들 수 있나요?

③ 가로의 길이 55cm, 세로의 길이 35cm인 직사각형 모양의 종이로는 위의 상자를 최대 몇 개 만들 수 있나요?

부피의 이해

 사과의 부피를 보기 와 같이 구하려고 합니다.

보기

- 큰 수조 안에 작은 수조를 넣는다.
- 작은 수조에 물을 가득 채운다.
- 작은 수조에 사과를 넣는다.
- 큰 수조에서 작은 수조를 빼낸다.
- 큰 수조에 넘친 물을 눈금실린더에 따르고 부피를 측정한다.

① 보기 에서 구한 눈금실린더의 물의 부피와 사과의 부피가 같다고 생각하나요?

② 물체의 부피는 무엇이라고 생각하는지 적어 보세요.

도형의 부피

1 다음 그림과 같이 뚜껑이 없는 직육면체 형태의 상자가 있습니다. 이 상자의 부피를 구하려고 합니다.

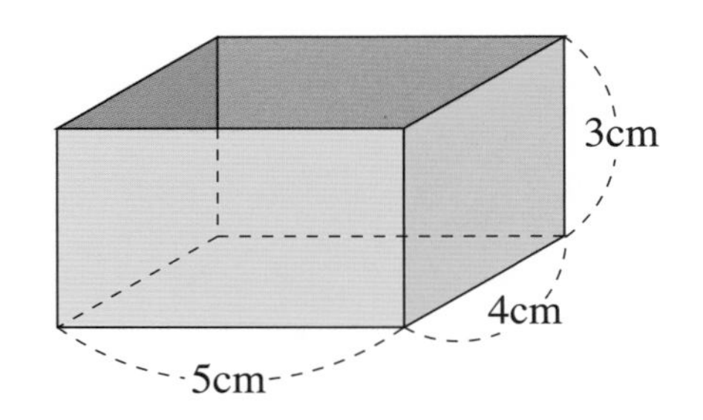

① 부피가 $1cm^3$인 정육면체를 상자 바닥에 빈틈없이 깔아 보세요. 몇 개의 정육면체를 깔 수 있나요? 또 바닥에 깔 수 있는 정육면체의 개수와 상자의 밑면 넓이와는 어떤 관계가 있나요?

② 부피가 $1cm^3$인 정육면체를 상자에 가득 채우려면 바닥에 깔려 있는 정육면체 개수의 몇 배가 필요하나요?

③ ①, ②를 이용해 상자의 부피를 구하세요.

④ 상자의 부피를 구한 방법을 이용해 직육면체의 부피 구하는 식을 만들어 보세요.

직육면체의 부피 = (   ) × (   )

2 밑면이 직사각형이 아닌 경우에도 직육면체와 같은 방법으로 부피를 구할 수 있는지 다음 삼각기둥의 부피를 구해 보세요.

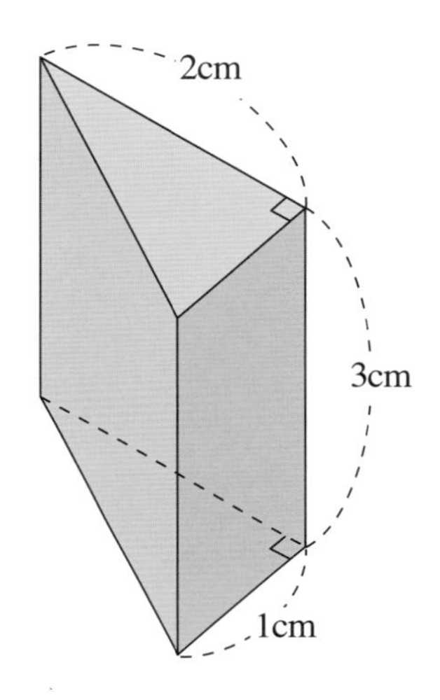

3 밑면이 다각형이 아닌 원인 경우에도 앞에서와 같은 방법으로 부피를 구할 수 있는지 다음 원기둥의 부피를 구해 보세요.

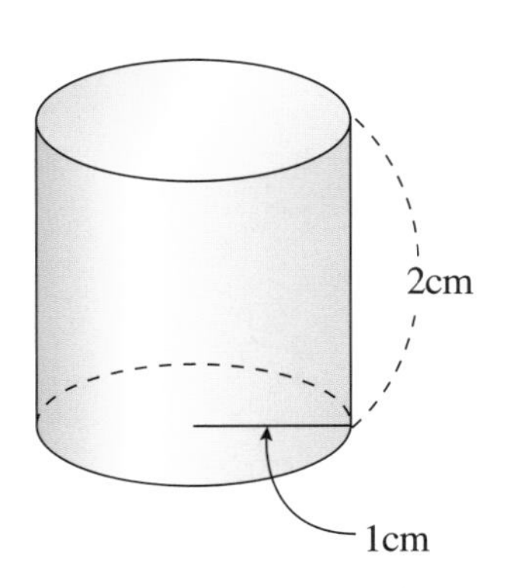

뿔의 부피

한 모서리의 길이가 a인 정육면체를 적당히 자르면 모양과 크기가 같은 3개의 사각뿔로 나눌 수 있습니다. 다음 물음에 답해 보세요.

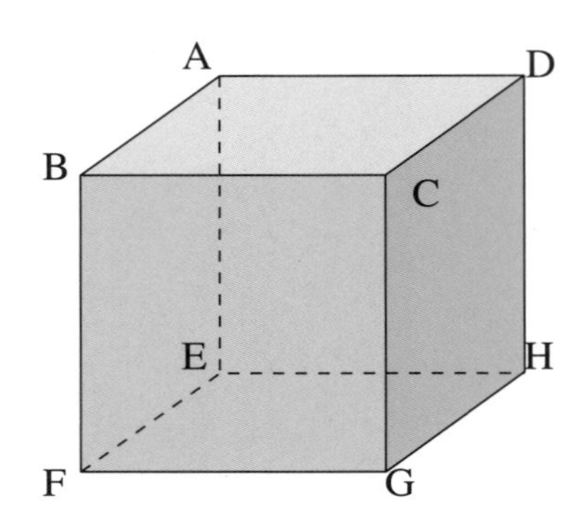

① 나뉘어진 사각뿔의 겨냥도를 그려 보세요.

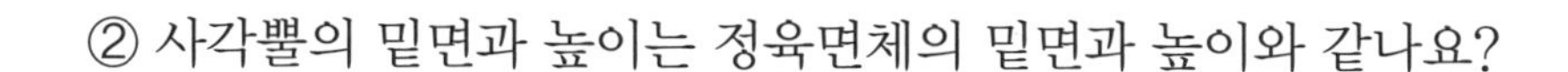

② 사각뿔의 밑면과 높이는 정육면체의 밑면과 높이와 같나요?

③ ①, ②를 이용해서 사각뿔의 부피 공식을 만들어 보세요.

사각뿔의 부피 = (   ) × (밑면의 넓이) × (높이)

부피의 새로운 이해

1. 가로 5cm, 세로 8cm인 카드 20장을 수직으로 쌓아 직육면체 모양을 만들었습니다. 카드 한 장의 두께가 0.1cm라면 쌓인 카드의 부피는 얼마인가요?

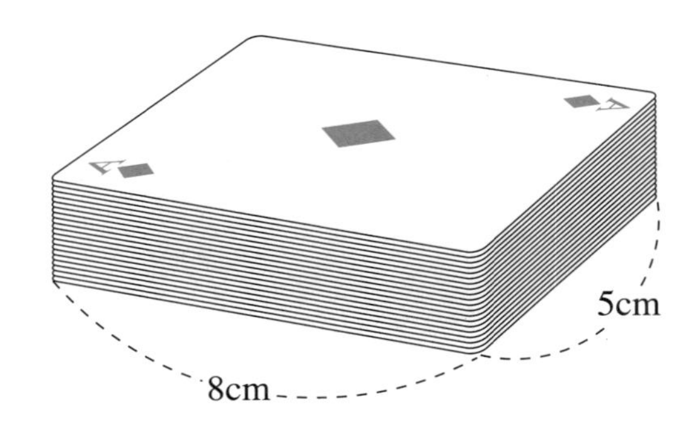

2. 마주 보는 두 면 BFGC와 AEHD는 합동인 평행사변형이고, 나머지 면들은 모두 직사각형인 직육면체가 있습니다. 높이가 2cm일 때, 이 입체도형의 부피는 얼마인가요?

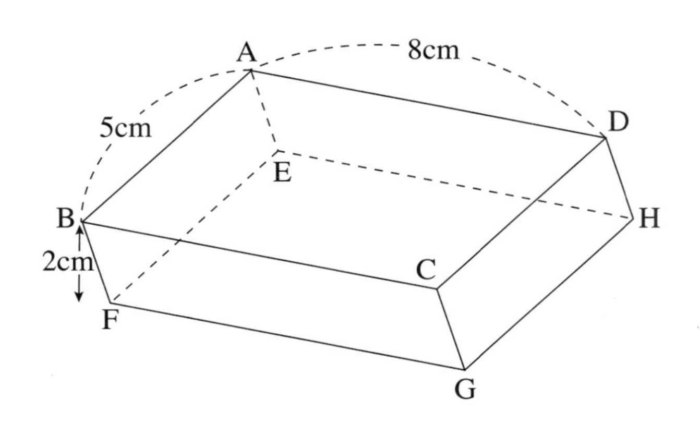

3 가로 10cm, 세로 16cm인 책이 있습니다. 책의 두께가 5cm일 때, 이 책의 부피는 얼마인가요?

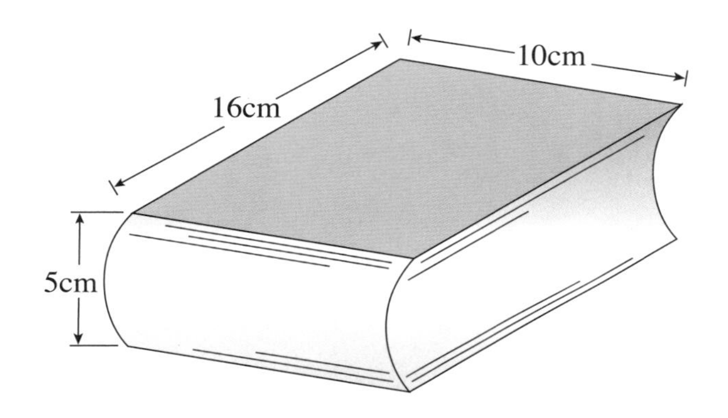

4 다음 입체도형의 부피를 구해 보세요.

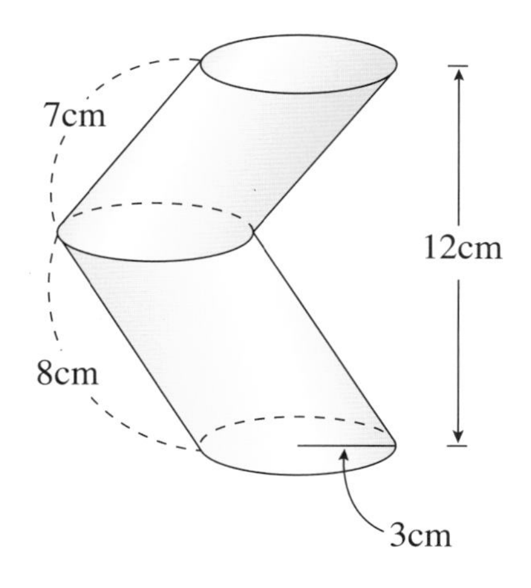

부피의 활용

1. 다음은 한 모서리의 길이가 3cm인 정육면체에 각 면의 중앙을 관통하도록 한 변의 길이가 1cm인 정사각형 모양의 구멍을 파놓은 것입니다. 이 입체도형의 부피를 구해 보세요.

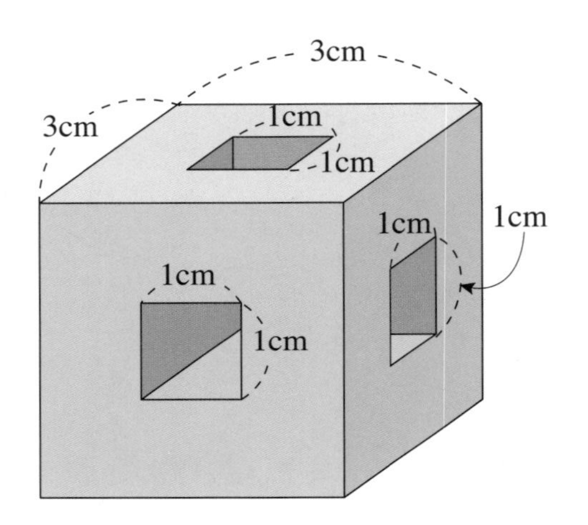

2 가로, 세로, 높이의 길이가 각각 10cm, 12cm, 20cm인 직육면체 모양의 물통에 19cm 깊이의 물이 들어 있습니다. 이 물통에 오른쪽 그림과 같은 삼각기둥 모양의 막대를 물통 바닥에 똑바로 세웠다가 빼냈을 때 물통에 남은 물의 깊이는 몇 cm가 되나요?

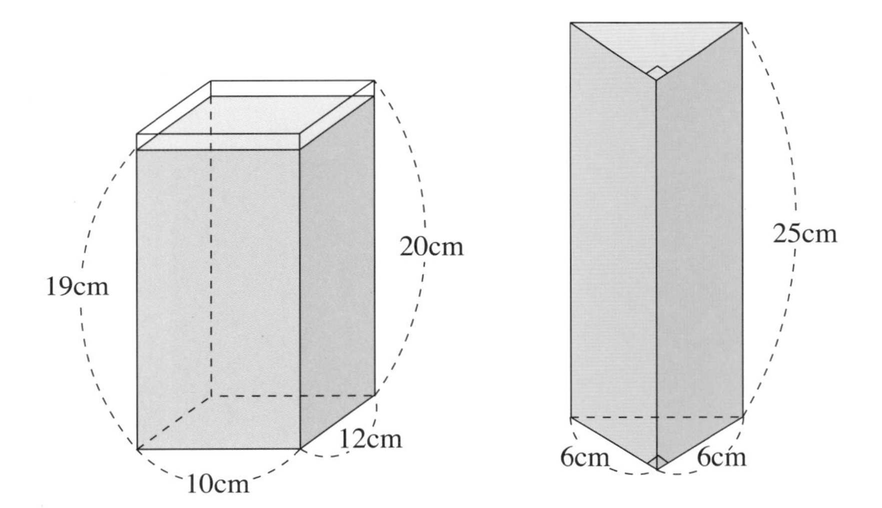

3 바닥이 평평하면서 원형으로 되어 있고, 옆면은 위로 곧게 뻗은 유리병 안에 물이 반쯤 채워져 있습니다. 이 병은 일반적인 병과 마찬가지로 위쪽 끝 부분에서 좁아지고, 돌려서 따는 병뚜껑이 있습니다. 이때, 어떻게 하면 자 하나만 가지고 이 병의 부피를 정확히 측정할 수 있을지 알아보고자 합니다. 다음 물음에 답해 보세요.

① 밑면의 반지름과 물의 높이를 자로 재어 보았더니 각각 3cm, 6cm였다면 물이 채워진 부분의 부피는 얼마인가요?

② 어떻게 빈 부분의 부피를 측정할 수 있나요?

③ (　　) 안에 들어갈 알맞은 단어을 적고, 물음의 답을 구하세요.

빈 부분을 (　　　) 모양으로 만든 뒤 빈 공간의 높이를 자로 재어 보니 4cm였습니다. 빈 부분의 부피는 얼마인가요?

④ 병의 부피를 구해 보세요.

4 강우량을 측정하기 위하여 A지점에는 원기둥 모양의 그릇을, B지점에는 원뿔 모양의 그릇을 동시에 설치했습니다. 각 그릇의 깊이는 둘 다 18cm입니다. 두 지점에 비가 내리기 시작한 지 24시간 뒤, 양쪽 그릇 안에 그림과 같이 비가 고였는데 양쪽 수면의 넓이는 같았습니다. 다음 물음에 답해 보세요.

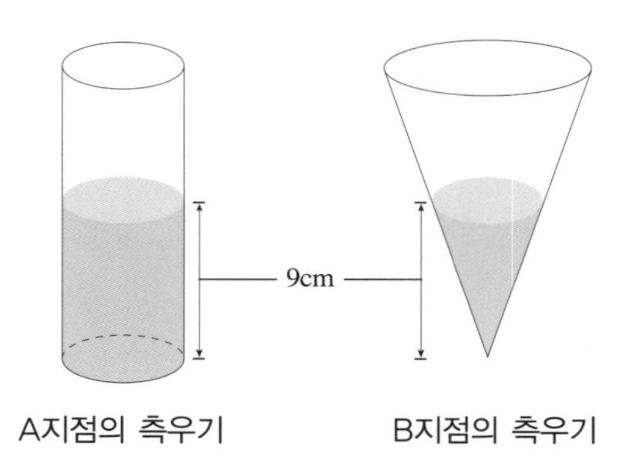

① 두 지점에 고인 비의 양을 비교해 보세요.

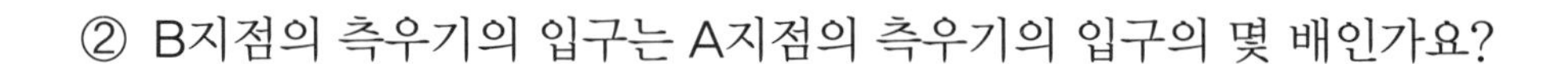

② B지점의 측우기의 입구는 A지점의 측우기의 입구의 몇 배인가요?

③ 두 측우기를 같은 장소에 설치했다면 어느 지점의 측우기가 몇 배나 많은 양의 비를 받을까요?

④ 아래의 글을 읽고 B지점에 내린 강우량은 A지점의 강우량의 몇 배인지 구해 보세요.

> 강우량은 일정한 기간 동안 일정한 면적에 내린 비의 양으로 단위는 mm입니다. 따라서 A지점에 내린 강우량은 9cm 즉, 90mm입니다.

Memo

확률과 통계

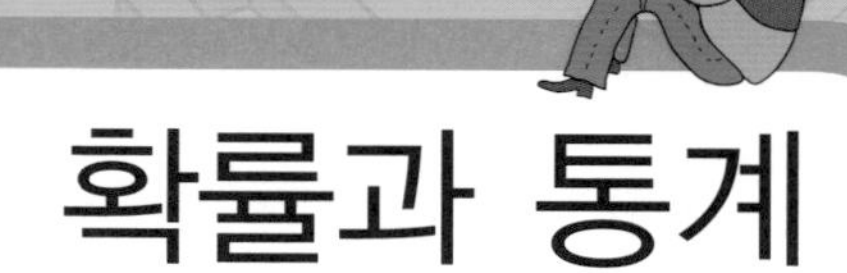

비율그래프

- 띠그래프와 원그래프
- 비율그래프에서 자료의 특성

경우의 수와 확률

- 경우의 수
- 경우의 수를 바탕으로 한 확률

화단 꾸미기

승민이네 아버지는 화단에 꽃을 심기 위해 다양한 꽃들의 모종을 사왔습니다. 승민이는 아버지를 도와 꽃을 심으려고 합니다. 꽃을 모두 심었을 때 화단의 모양은 어떠할까요? 각각의 꽃의 비율을 보고 각 꽃에 해당하는 색을 칠해 직접 화단을 꾸며 보세요.(단, 한 칸에는 한 송이의 꽃만 심어야 합니다.)

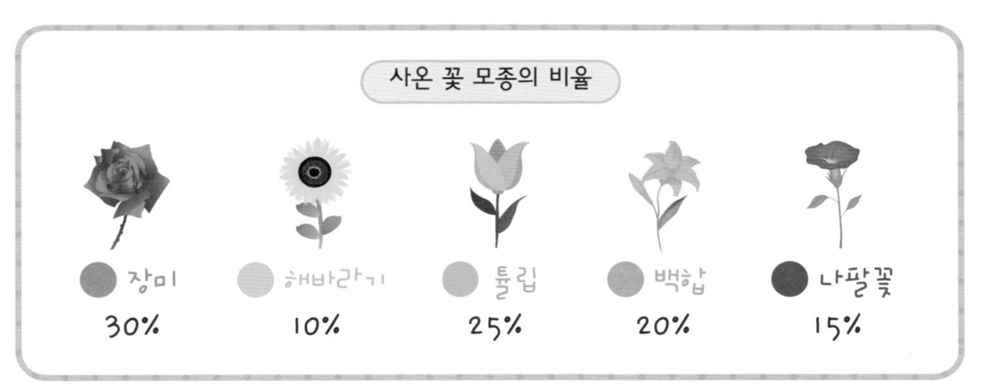
사온 꽃 모종의 비율
장미
30%
해바라기
10%
튤립
25%
백합
20%
나팔꽃
15%

비율로 보는 세상

1 다솜이네 반 학생들은 어떤 색깔을 보고 안정감을 느끼는지 조사를 하기 위해 안정감을 느끼는 색깔에 자신의 이름이 적힌 종이를 붙였습니다. 다음 물음에 답해 보세요.

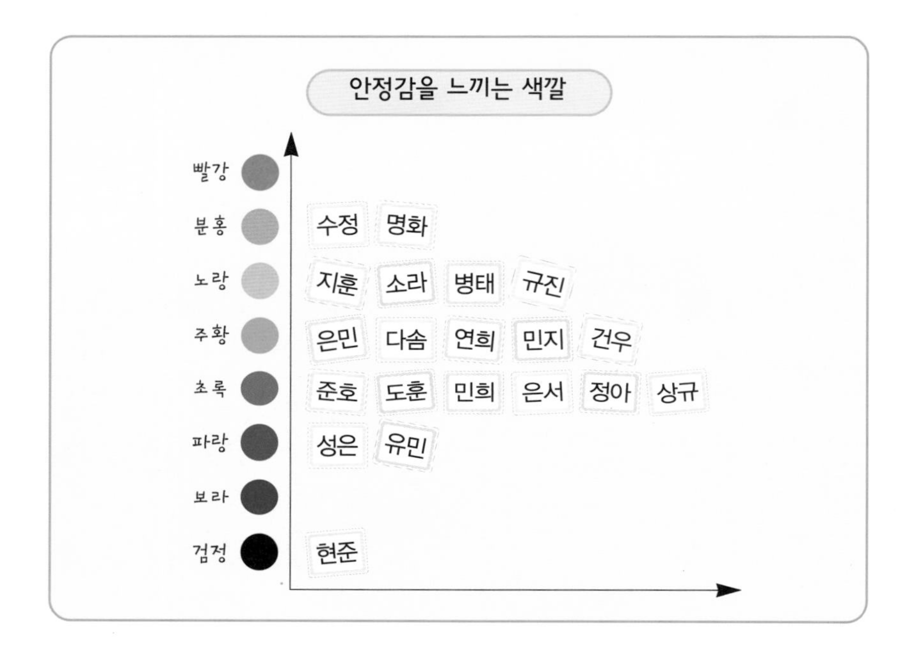

① 조사에 참여한 학생은 모두 몇 명인가요?

② 가장 많은 학생이 안정감을 느끼는 색깔은 무슨 색깔이며 전체의 몇 %를 차지하나요?

③ 검정색을 보고 안정감을 느끼는 학생은 전체의 몇 %를 차지하나요?

④ 전체의 10%에 해당하는 색깔은 무엇인가요?

2 안정감을 느끼는 색깔에 대한 백분율 표를 완성해 보세요.

색깔	빨강	분홍	노랑	주황	초록	파랑	보라	검정
백분율 (%)								

3 조사한 내용을 띠그래프와 원그래프를 나타내려고 합니다. 각 색깔의 비율에 맞게 그래프를 완성해 보세요.

안정감을 느끼는 색깔

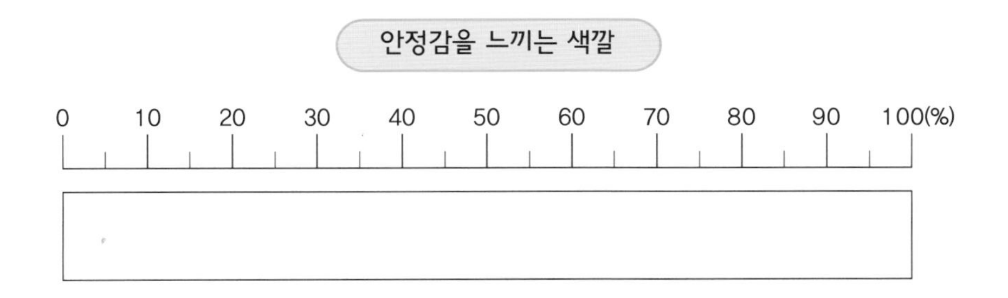

안정감을 느끼는 색깔

신문 기사 속의 비율그래프

신문 기사에 실린 비율그래프입니다. 그래프를 분석하고 [ ] 안에 알맞은 수치를 넣어 신문 기사를 완성해 보세요.

①

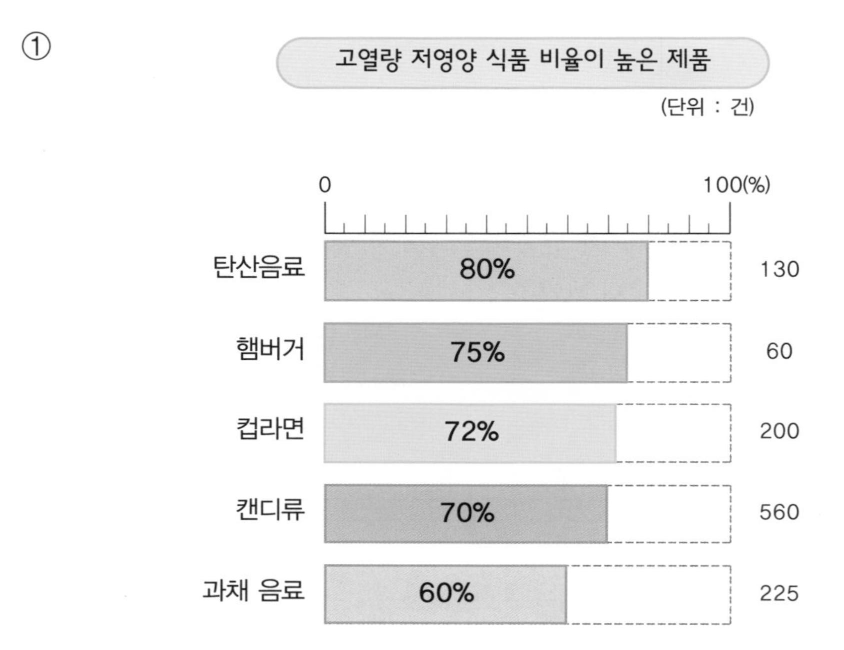

식품 유형별로 보면, 고열량 저영양 식품의 비중이 가장 큰 제품은 탄산음료로, 조사 대상 130품목 가운데 [ ]건이 해당돼 80%로 나타났습니다. 햄버거는 [ ]건 가운데 [ ]건인 75%로 2위를 차지했으며, 그 다음은 컵라면 [ ]%, 캔디류 [ ]%, 과채 음료 [ ]% 등의 차례였습니다.

②

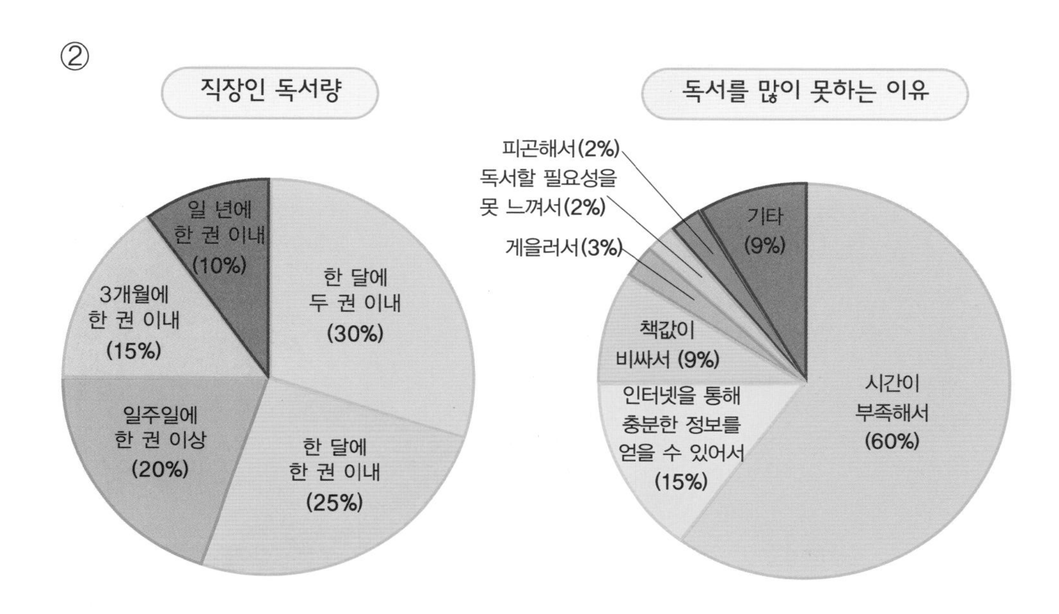

직장인 1200명을 대상으로 조사한 결과 직장인들은 독서를 통한 자기 계발이 중요하다고 인식하고 있지만 독서량은 '하루 30분 미만', '한 달에 1~2권'인 것으로 나타났습니다. 평소 독서량에 대해 '한 달에 두 권 이내' 라는 대답이 ☐%(☐명)로 가장 많았으며, '한 달에 한 권 이내' 라는 대답은 ☐%(☐명)로 한 달에 한 권이나 두 권을 읽는 직장인의 수가 절반을 차지했습니다. 대부분의 직장인들은 독서를 많이 하지 못하는 이유에 대해 '시간이 부족해서' 라고 대답한 사람이 ☐%(☐명)로 가장 많았고, '인터넷을 통해 충분한 정보를 얻을 수 있어서' 라고 대답한 사람이 ☐%(☐명)로 그 다음을 차지했습니다. 한편 '독서할 필요성을 못 느껴서' 라고 대답한 사람은 ☐%(☐명)이었습니다.

비율 나타내기

1 선생님은 수학여행을 함께 갈 팀을 정하기 위해 친구들에게 비의 값이 적힌 쪽지를 나누어 주었습니다. 비의 값이 같은 사람끼리 한 팀이 된다고 할 때 같은 팀이 될 수 있는 사람끼리 이름을 적고 각 팀의 비의 값은 얼마인지 ☐ 안에 적어 보세요.

〈같은 팀〉

〈비의 값〉

〈같은 팀〉

〈비의 값〉

〈같은 팀〉

〈비의 값〉

2 효민이는 수학여행에서 아침밥을 담당하기로 했습니다. 맛있는 밥을 짓기 위해 효민이는 어머니에게 전화를 해서 물어 봤더니 물과 쌀의 비율을 3 : 2로 맞춰야 한다고 합니다. 다음 물음에 답해 보세요.

★ 맛있게 밥 짓기 ★

쌀에 대한 물의 비율

3 : 2

① 효민이는 쌀을 6컵 넣고 밥을 지으려고 합니다. 물은 몇 컵을 넣어야 할지 생각해 보고 쌀에 대한 물의 양을 비례식으로 나타내 보세요.

$$3 : 2 = \square : 6$$

② 쌀을 1컵 넣는다면 물은 몇 컵을 넣어야 할지 생각해 보고 쌀에 대한 물의 양을 비례식으로 나타내 보세요.

$$3 : 2 = \square : 1$$

3 아래 그림의 비들을 간단한 자연수의 비로 정리해 보기에서 찾아 같은 색으로 칠해 보세요.

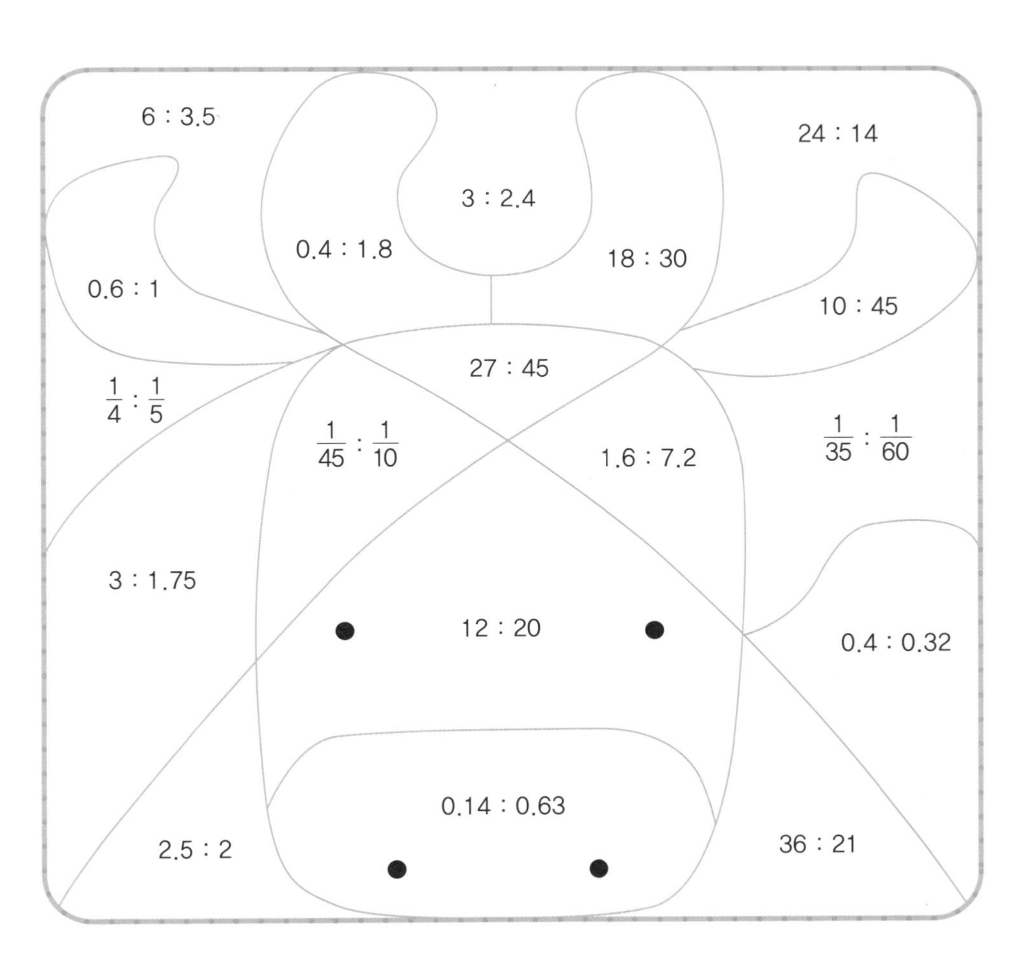

경주 여행

1. 민희네 팀은 첫째 날 경주 여행 코스로 4곳을 선택했습니다. 지도의 축척이 1 : 25000일 때 코스의 거리를 자로 직접 재어 구해 보세요.

경주역 ➡ 첨성대 ➡ 안압지 ➡ 경주 국립 박물관 ➡ 분황사

② 준호네 팀도 첫째 날 경주 여행 코스로 4곳을 선택했습니다. 지도의 축척이 1 : 50000일 때 코스의 거리를 자로 직접 재어 구해 보세요.

경주역 ➡ 분황사 ➡ 불국사 ➡ 석굴암 ➡ 경주월드

비례식의 활용

1 축구 경기장 입장권의 성인 요금은 10000원입니다.

① 축구 경기장 입장권의 성인 요금과 학생 요금의 비는 5 : 3입니다. 학생 요금은 얼마인가요?

② 축구 경기장 입장권의 학생 요금과 어린이 요금의 비는 3 : 2입니다. 어린이 요금은 얼마인가요?

2 축구 경기장의 A입구와 B입구의 입장객 수의 비가 3 : 4입니다. A입구로 입장한 사람이 6327명이라면 B입구로 입장한 사람은 몇 명인가요?

3 축구 경기장에 먼저 입장한 입장객의 남녀 비는 2 : 3입니다. 남자 1600명과 여자 1500명이 더 입장하여 축구 경기장의 입장객의 남녀 비는 4 : 5가 되었습니다. 축구 경기장에 먼저 입장한 남자와 여자의 각 인원을 구해 보세요.

4 축구 경기장의 A석의 $\frac{1}{3}$, B석의 $\frac{1}{4}$이 여자입니다. 한편 A석과 B석의 남자 수의 비가 2 : 3입니다. A석과 B석의 전체 입장객 수의 비를 가장 간단한 자연수의 비로 나타내 보세요.

연비와 비례배분

1 다음은 2002년 한·일 FIFA D조의 경기 결과입니다. 다음 물음에 답해 보세요.

팀	경기 수	승	무	패	득점	실점	승점
대한민국	2	1	1	0		1	
미국	3	1	1	1	5	6	
포르투갈	2	1	0	1		4	3
폴란드	3	1	0	2		7	

※ 승점은 승리했을 경우 3점, 비겼을 경우 1점, 패배했을 경우 0점을 얻음.

① 대한민국, 포르투갈 그리고 미국의 실점을 연비로 나타내어 보세요.

❶ 대한민국의 실점 : 포르투갈의 실점 =

❷ 포르투갈의 실점 : 미국의 실점 =

❸ 대한민국의 실점 : 포르투갈의 실점 : 미국의 실점 =

② 대한민국의 득점과 포르투갈의 득점의 비는 2 : 3이고 포르투갈의 득점과 폴란드의 득점의 비는 2 : 1입니다. 이때, 대한민국의 득점과 포르투갈의 득점 그리고 폴란드의 득점의 연비를 구해 보세요.

③ 대한민국의 승점과 미국의 승점의 비는 1:1이고 대한민국의 승점과 폴란드의 승점의 비는 4:3입니다. 이때, 대한민국의 승점과 미국의 승점 그리고 폴란드의 승점의 연비를 구해 보세요.

2 FIFA 월드컵 본선 진출권은 총 32개국에게 나누어집니다. FIFA는 본선 진출권이 한 대륙에 편중되지 않도록 대륙별로 비례배분합니다. 다음 물음에 답해 보세요.

① 2006년 독일 FIFA 월드컵에 진출한 32개국 중 18개국이 유럽과 남미 국가였습니다. 유럽과 남미는 7 : 2의 비로 본선 진출권을 획득했다면 유럽은 몇 나라가 본선에 진출했나요?

② 2006년 독일 FIFA 월드컵에서 본선 진출권 8장을 아시아와 북중미에 9 : 7로 배분하기로 했습니다. 어떻게 몇 장씩 배분되었나요?(단, 0.5장이 배분되어진 경우, 0.5장이 배분된 두 대륙의 팀이 경기를 치루어 이긴 팀이 본선에 출전하게 됩니다.)

③ 2002년 한·일 FIFA 월드컵에서 32개국 중 아프리카, 아시아, 북중미 세 대륙에서 12개 나라가 본선 진출권을 획득해 FIFA 월드컵 본선에 출전했습니다. 5 : 4 : 3의 비로 진출권을 획득했다면 각 대륙은 몇 나라씩 본선에 진출했나요?

④ 만약 어느 해 FIFA 월드컵에 본선 진출권이 100장이고 그 중 60장의 본선 진출권이 아시아, 유럽, 남미에 7 : 8 : 5의 비로 배분된다면 각 대륙은 몇 개국씩 본선에 진출했나요?

유리한 쇼핑

세일 스포츠 상점과 플러스 스포츠 상점은 한 개의 가격이 6600원인 축구공 10개를 한 묶음으로 판매합니다. 축구공 한 묶음을 살 때 세일 스포츠 상점에서는 정가의 10%를 할인해 줍니다. 한편, 플러스 스포츠 상점에서는 공 1개를 덤으로 더 줍니다. 어느 스포츠 상점에서 사는 것이 더 유리한지 알아보려고 합니다. 다음 물음에 답해 보세요.

① 축구공 한 묶음을 사는 경우 세일 스포츠 상점과 플러스 스포츠 상점 중 어디서 구입하는 것이 더 유리한가요?

② 각 상점에서 같은 개수의 축구공을 살 때 가격이 같아지는 경우가 있는지 알아보세요. 만약 있다면 언제 같아지나요?

③ 세일 스포츠 상점에서 정가 36000원인 축구화 A를 40% 할인하여 판매하고, 정가 48000원인 축구화 B는 35% 할인하여 판매합니다. 어느 축구화를 구입하는 것이 더 유리할까요?

지도 색칠하기

지도를 색칠하는 방법의 가짓수를 알아보세요. 단, 지도를 색칠할 때 다음과 같은 규칙 을 지켜야 합니다. 다음 물음에 답해 보세요.

- 같은 경계선을 갖는 이웃한 두 영역은 서로 다른 색이어야 합니다.
- 오직 한 점에서 만나는 영역은 같은 색으로 칠할 수 있습니다.

① 다음 지도를 노랑, 파랑, 초록 3가지로 색칠하는 방법을 알아보려고 합니다. 다음 물음에 답해 보세요.

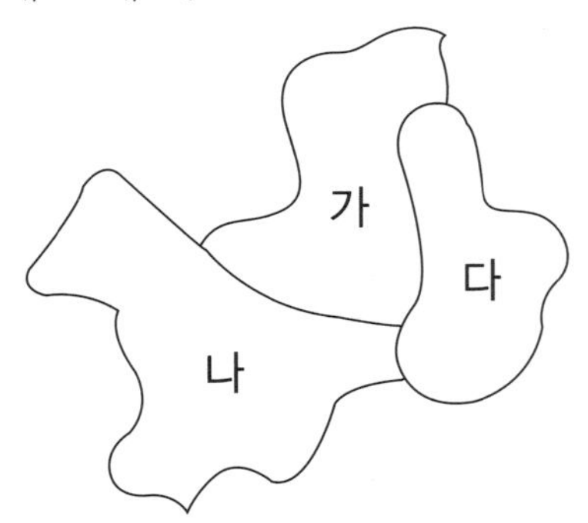

❶ 가에 노란색을 칠했습니다. 이때, 나와 다를 색칠하는 방법은 모두 몇 가지인가요?

❷ 가에 파란색을 칠했습니다. 이때, 나와 다를 색칠하는 방법은 모두 몇 가지인가요?

❸ 지도를 색칠하는 방법은 모두 몇 가지인가요?

② 다음 지도를 노랑, 파랑, 초록 3가지로 칠하는 방법을 알아보려고 합니다.

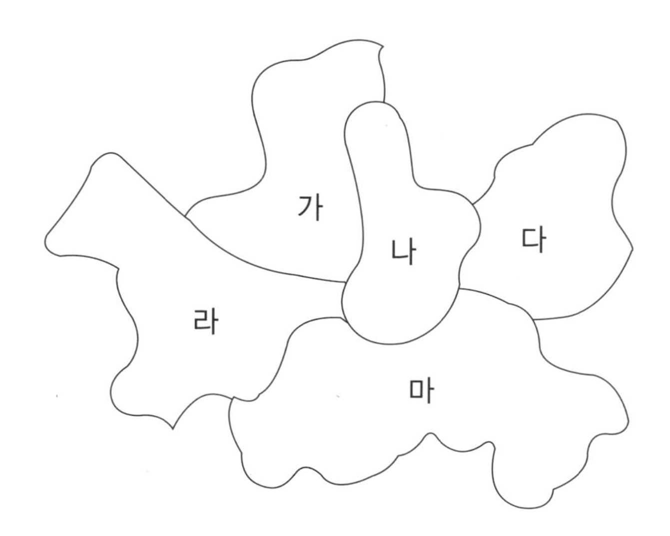

❶ 어느 부분부터 색칠하는 것이 좋을까요?

❷ 나에 노란색을 칠했습니다. 이때, 지도를 색칠하는 방법은 모두 몇 가지인가요?

❸ 3가지 색을 이용하여 위의 지도를 색칠할 수 있는 방법은 모두 몇 가지인가요?

사각형 채우기

주어진 수를 규칙 에 맞춰 표에 수를 적으려고 합니다.

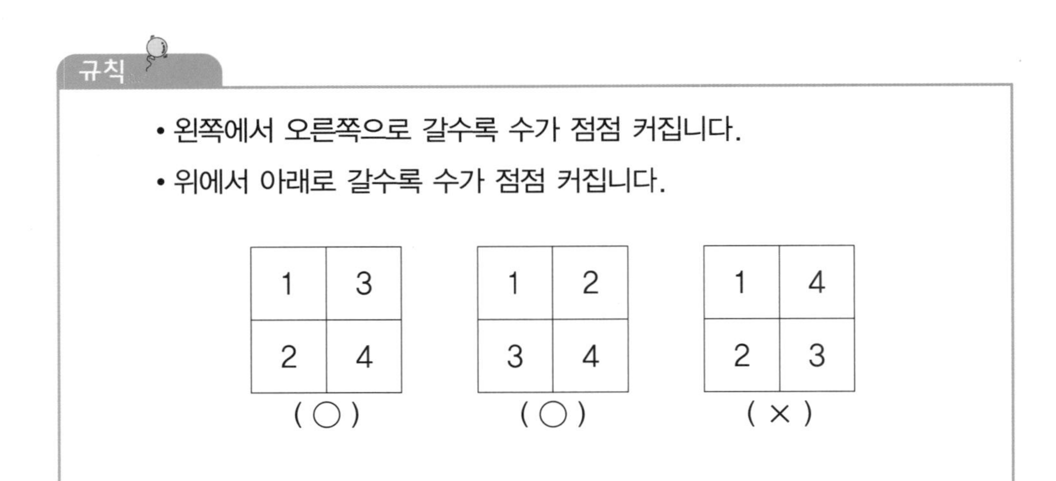

규칙

- 왼쪽에서 오른쪽으로 갈수록 수가 점점 커집니다.
- 위에서 아래로 갈수록 수가 점점 커집니다.

1	3
2	4

(○)

1	2
3	4

(○)

1	4
2	3

(×)

① 표에 1, 2, 3, 4, 5를 넣으려고 합니다.

가	나	다	라
마			

❶ 1을 넣을 수 있는 칸은 어느 칸인가요?

❷ 2를 넣을 수 있는 칸은 어느 칸인가요?

❸ 표에 수를 적을 수 있는 방법을 모두 찾아 적어 보세요.

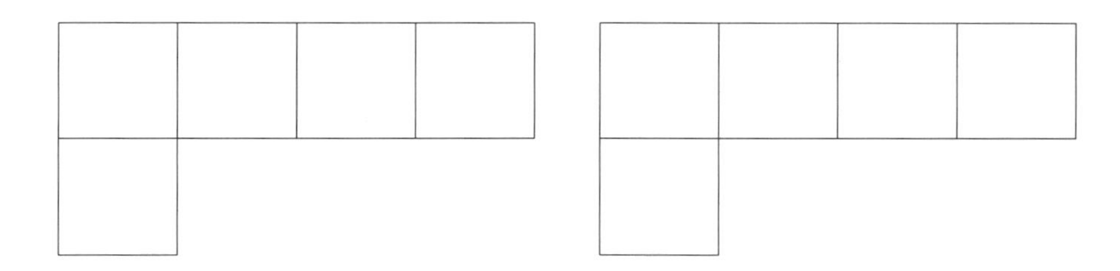

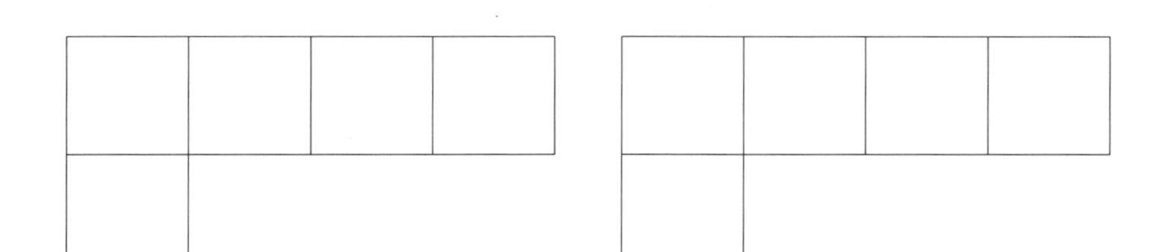

② 표에 1, 2, 3, 4, 5를 넣으려고 합니다.

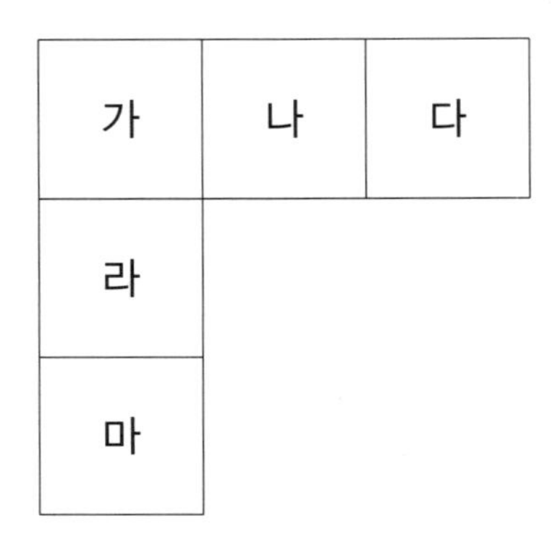

❶ 가에 1을 써 넣었습니다. 이때, 2가 들어갈 수 있는 칸은 어느 칸인가요?

❷ 표에 수를 써 넣을 수 있는 방법은 모두 몇 가지인가요?

③ 표에 1, 2, 3, 4, 5를 넣으려고 합니다.

가	나	다
라	마	

❶ 가에 1을 써 넣었습니다. 이때, 2가 들어갈 수 있는 칸은 어느 칸인가요?

❷ 나에 2를 써 넣었습니다. 이때, 3이 들어갈 수 있는 칸은 어느 칸인가요?

❸ 표에 수를 써 넣을 수 있는 방법은 모두 몇 가지인가요?

시간표 만들기

창의와 탐구가 다니려고 하는 학원의 시간표는 다음과 같습니다. 색이 칠해진 곳이 수업을 들을 수 있는 시간일 때 다음 물음에 답해 보세요.

과목 / 시간	수학	과학	영어	국어
1교시				
2교시				
3교시				

① 창의는 하루에 서로 다른 두 과목을 수강하려고 합니다.

❶ 수학과 과학을 선택했을 때, 가능한 시간표는 모두 몇 가지인가요?

❷ 수학과 영어를 선택했을 때, 가능한 시간표는 모두 몇 가지인가요?

③ 하루에 서로 다른 두 과목을 수강할 때, 가능한 시간표는 모두 몇 가지인가요?

② 탐구는 하루에 서로 다른 세 과목을 수강하려고 합니다. 탐구는 모두 몇 가지의 시간표를 만들 수 있나요?

박물관에 가는 경우의 수

1 지호는 박물관에 견학을 가려 합니다. 박물관을 가는 데 버스를 타고 가는 방법이 3가지, 기차를 타고 가는 방법이 2가지가 있습니다. 다음 물음에 답해 보세요.

① 지호가 박물관에 갈 수 있는 방법은 몇 가지인가요?

② 지호는 박물관에 갈 때는 버스를 타고, 올 때는 기차를 타려고 합니다. 이때, 지호가 박물관에 다녀올 수 있는 방법은 몇 가지인가요?

2 지호는 박물관 견학을 마친 후 음식점에 들어갔습니다. 다음 물음에 답해 보세요.

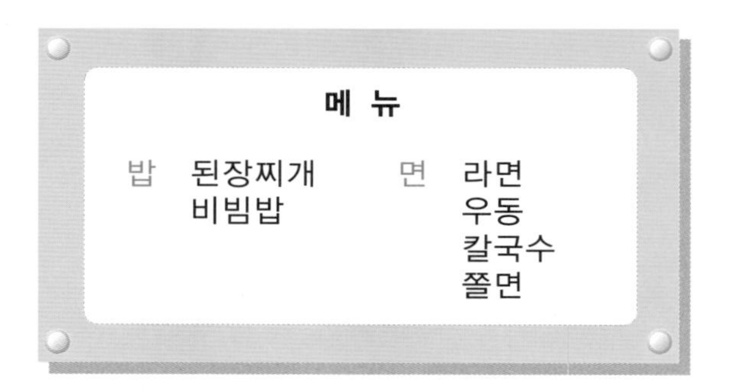

① 밥 종류에서 한 가지만 주문하는 방법은 몇 가지인가요?

② 면 종류에서 한 가지만 주문하는 방법은 몇 가지인가요?

③ 밥과 면 종류에서 어느 한 가지만 주문하는 방법은 몇 가지인가요?

3 지호는 식사 후에 동생과 가위바위보를 해 진 사람이 아이스크림을 사기로 했습니다. 다음 물음에 답해 보세요.

① 두 사람이 가위바위보를 할 때 일어날 수 있는 모든 경우의 수를 구하는 방법입니다. 빈칸에 알맞은 말을 써 넣으세요.

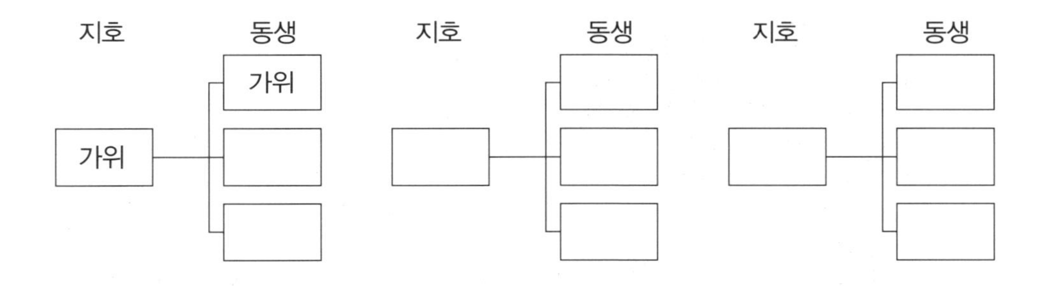

② 다른 방법으로 구할 수 있는지 생각해 적어 보세요.

줄을 서는 경우의 수

지혜네 가족은 할아버지, 할머니, 부모님, 오빠, 언니 그리고 지혜 즉, 남자 3명, 여자 4명으로 구성되어 있습니다. 지혜네 가족 모두 놀이공원에 놀러 가서 청룡 열차를 타기 위해 줄을 섰습니다. 다음 물음에 답해 보세요.

① 가족이 줄을 설 수 있는 경우의 수를 구해 보세요.

② 여자들이 모두 붙어 있도록 줄을 설 수 있는 경우의 수를 구해 보세요.

③ 남자들끼리 서로 떨어져 있고, 여자들끼리도 서로 떨어져 있도록 줄을 설 수 있는 경우의 수를 구해 보세요.

식탁에 둘러앉는 경우의 수

1 5명이 원탁에 둘러앉아 저녁 식사를 하려고 합니다. 5명이 원탁에 둘러앉는 경우의 수는 몇 가지인지 구해 보세요.

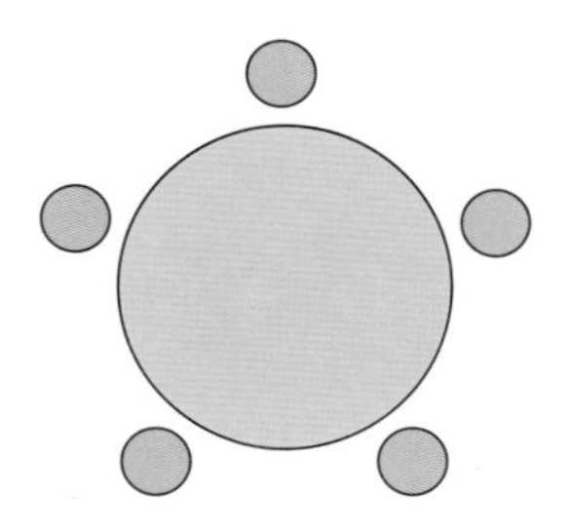

2 정사각형 모양의 식탁에 4명이 둘러앉으려고 합니다. 다음 물음에 답해 보세요.

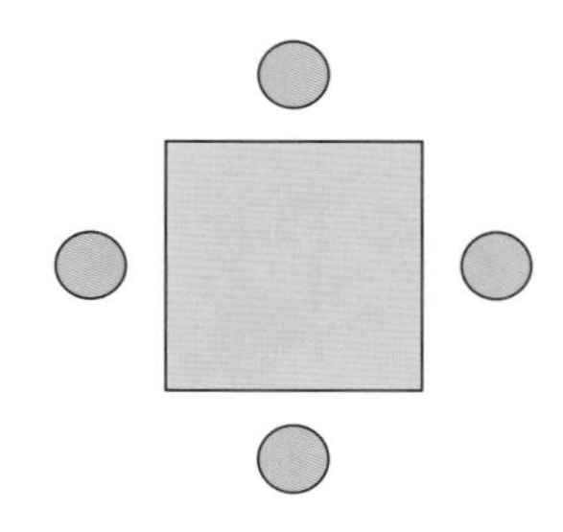

① 정사각형 모양의 식탁에 4명이 둘러앉는 경우의 수는 몇 가지인가요?

② 만약 각 변에 의자가 2개씩 있다면 8명이 둘러앉는 경우의 수는 몇 가지인가요?

3. 정삼각형 모양 식탁의 각 변에 의자가 3개씩 있다면 9명이 둘러앉는 경우의 수를 구해 보세요.

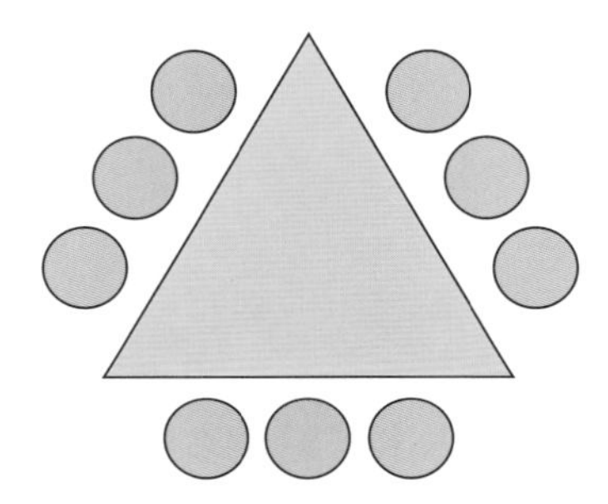

4. 직사각형의 식탁에 10명을 앉히는 경우의 수를 구하고, 구하는 방법에 대해 정리해 보세요.

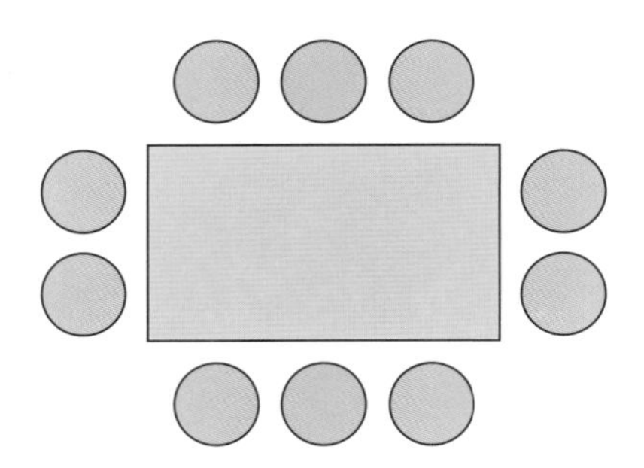

비둘기 집의 원리

10마리의 비둘기가 9개의 비둘기 집에 들어가려면 2마리 이상의 비둘기가 들어가는 비둘기 집이 존재해야 합니다. 이를 '비둘기 집의 원리' 라고 하는데 독일의 수학자 디리클레가 발견했습니다. 아주 복잡해 보이거나 전혀 풀 수 없을 거 같아 보이는 문제도 '비둘기 집의 원리' 를 활용하면 쉽게 풀 수 있습니다.

① 다음 문제들을 '비둘기 집의 원리' 를 이용해 풀어 보세요.

❶ 칠판에 11개의 수가 적혀 있습니다. 일의 자릿수가 같은 수가 적어도 2개는 항상 있다고 말할 수 있나요?

❷ 칠판에 10개의 수가 적혀 있습니다. 일의 자릿수가 같은 수가 적어도 2개는 항상 있다고 말할 수 있나요?

❸ 칠판에 두 자리 수 이상인 수가 101개 적혀 있습니다. 십의 자릿수와 일의 자릿수가 같은 수가 적어도 2개는 항상 있다고 말할 수 있나요?

④ 칠판에 적힌 101개의 수 중 몇 개를 지웠습니다. 이때, 십의 자릿수와 일의 자릿수가 같은 수가 적어도 2개는 항상 있다고 말할 수 있나요?

② (   ) 안에 들어갈 알맞은 수를 적어 보세요.

① 일의 자릿수가 같은 수가 항상 2개 있으려면 적어도 (   )개의 수가 필요합니다.

② 십의 자릿수와 일의 자릿수가 같은 수가 항상 2개 있으려면 적어도 (   )개의 수가 필요합니다.

③ 백, 십, 일의 자릿수가 같은 수가 항상 2개 있으려면 적어도 (   )개의 수가 필요합니다.

Memo

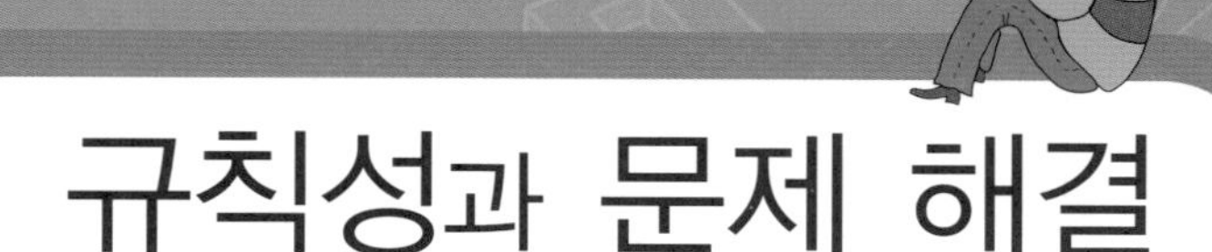

규칙성과 문제 해결

교과서 속 규칙성과 문제 해결 알기

방정식

- 미지수를 x로 나타내기
- 등식을 이용한 방정식

비례식

- 비례식의 이해
- 비례식의 계산

연비와 비례배분

- x와 y를 사용해 식으로 나타내기
- 정비례와 반비례 관계를 이해하고, 그 관계를 표나 식으로 나타내기
- 정비례와 반비례 관계를 활용해 실생활 문제 해결하기

문제 해결 방법

- 여러 가지 문제 해결 방법을 비교해 문제 상황에 적절한 방법 선택하기
- 주어진 문제에서 조건을 바꾸어 새로운 문제 만들고, 해결하기
- 문제 해결 과정의 타당성을 설명하기

양팔저울과 방정식

양팔저울을 이용해 여러 가지 물건의 무게를 재려고 합니다. 원 모양 추의 무게는 한 개에 1g, 사각형 모양 추의 무게는 한 개에 2g입니다. 보기 와 같이 현재 평행인 저울에서 같은 무게만큼 양쪽의 추를 내려놓아 원하는 물건의 무게를 알아보세요.

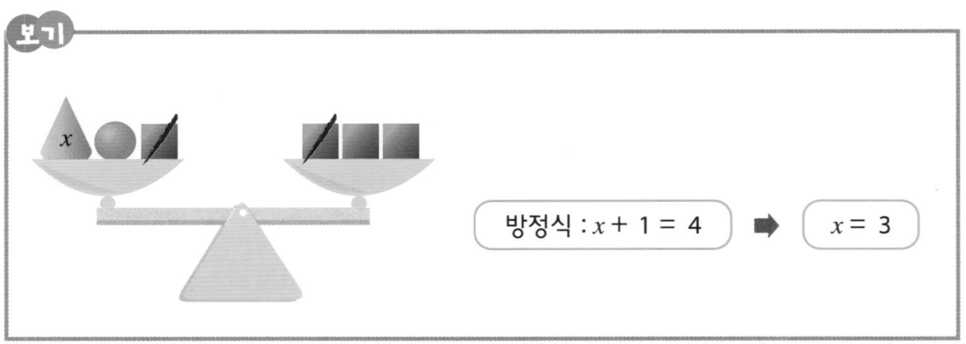

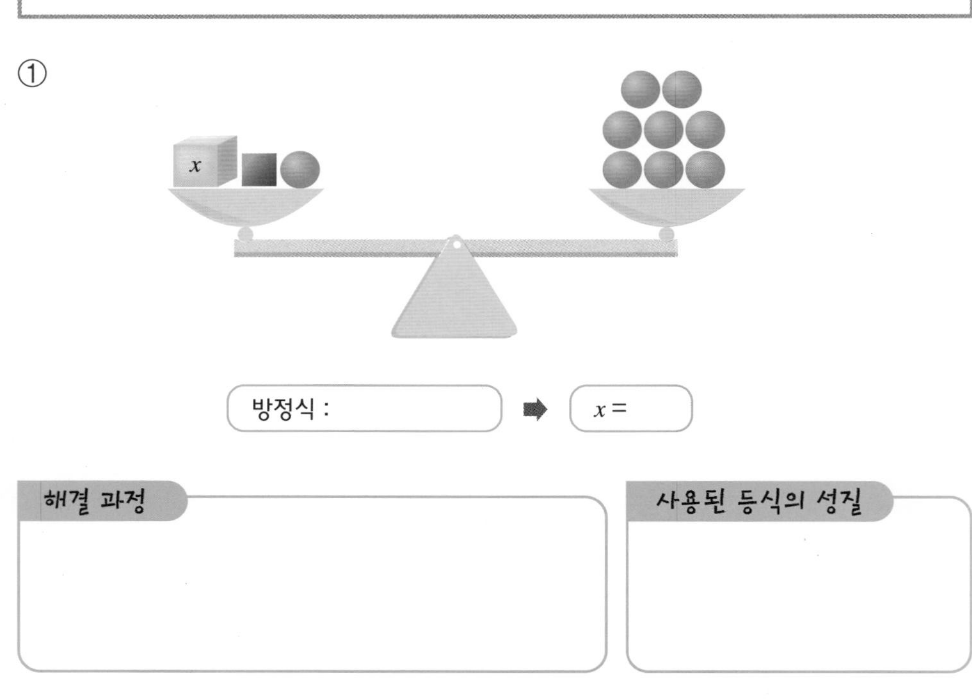

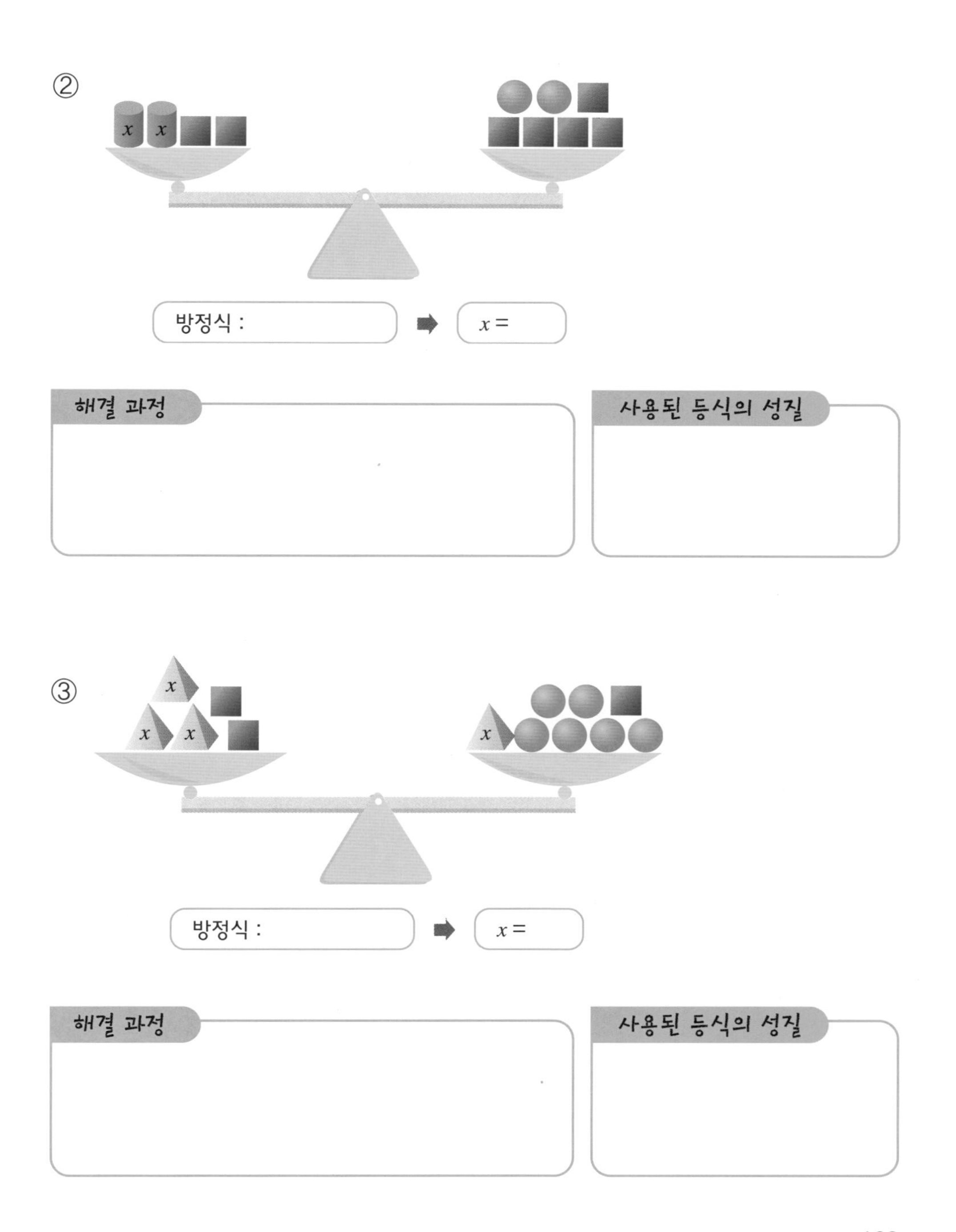
②
x
x
방정식 :
x =
해결 과정
사용된 등식의 성질
③
x
x
x
x
방정식 :
x =
해결 과정
사용된 등식의 성질

등식으로 나타내기

1 다음 문장에서 구하려고 하는 것을 x로 하여 등식으로 나타내 보세요.

①

어떤 수에 4를 더한 값은
15와 같습니다.

②

어떤 수에 6을 곱한 다음
2를 뺀 값은 40과 같습니다.

③

밑변이 6cm, 높이가 $x$cm인
삼각형의 넓이는 30cm²입니다.

④

영희가 가진 돈 1200원은
민주가 가진 돈의 2배보다
200원이 더 많습니다.

⑤

현우는 1500원을 주고
90원짜리 연필 몇 자루와 700원짜리
필통 한 개를 샀습니다.

2 다음의 문장에서 구하고자 하는 값을 x로 하여 방정식으로 나타내고, x의 값을 구해 보세요.

① 어떤 수에 3을 곱한 뒤 4를 빼었더니 80이 되었습니다.

② 어떤 수에서 4를 뺀 뒤 5를 곱하였더니 어떤 수의 3배와 같았습니다.

③ 5000원으로 한 개에 450원 하는 연필을 몇 자루 샀더니, 950원이 남았습니다. 연필을 몇 자루 샀나요?

④ 아버지의 키는 180cm인데, 아들 키의 두 배보다 10cm나 더 크다고 합니다. 아들의 키는 얼마인가요?

⑤ 밑변의 길이가 12cm이고, 넓이가 $84cm^2$인 평행사변형의 높이는 얼마인가요?

방정식을 활용해 문제 해결하기

1 거북은 하루에 12km를 갈 수 있고, 달팽이는 하루에 4km를 갈 수 있습니다. 둘은 서울 구경을 하려고 각자 서울을 향해 출발했는데 달팽이가 10일 먼저 출발했다고 합니다. 거북은 출발한 지 며칠 만에 달팽이를 만날 수 있을지 다음 물음에 답해 보세요.

① 먼저 구하고자 하는 값을 x라 합시다. 무엇을 x라고 해야 하나요?

② 주어진 문장을 잘 읽고 무엇과 무엇이 같은지 말로 등식을 만들어 보세요.

③ 말로 만든 등식의 양변을 x를 포함하는 식으로 바꾸어 방정식을 만들어 보세요.

④ 이제 방정식을 풀어 x의 값을 구하고, 문제에 맞게 단위를 붙여 보세요.

⑤ 구한 답을 문제에 대입해 이상이 없는지 검산해 보세요.

2 창의는 동물원에 가서 원숭이들을 한자리에 불러 모았습니다. 사탕을 나누어 주려고 했는데, 2개씩 나누어 주려니 6개가 남게 되고 3개씩 나누어 주려니 1개가 모자랐습니다. 원숭이는 모두 몇 마리입니까?

① 먼저 구하고자 하는 값을 x라 합시다. 무엇을 x라고 해야 합니까?

② 주어진 문장을 잘 읽고 무엇과 무엇이 같은지 말로 등식을 만들어 보세요.

③ 말로 만든 등식의 양변을 x를 포함하는 식으로 바꾸어 방정식을 만들어 보세요.

④ 이제 방정식을 풀어 x의 값을 구하고, 문제에 맞게 단위를 붙여 답해 보세요.

⑤ 구한 답을 문제에 대입해 이상이 없는지 검산해 보세요.

❸ 다음 문제를 읽고 보기 와 같이 말로 등식을 만들어 문제를 풀어 보세요.

보기

창의는 지난 일요일에 등산을 했는데 올라갈 때는 시속 2km로 걸어갔습니다. 같은 등산로로 시속 3km로 걸어 내려왔더니 올라갈 때보다 20분이 덜 걸렸다면 올라갈 때 걸린 시간은 얼마였을까요?

올라갈 때 걸은 거리 = 내려올 때 걸은 거리

① 어느 놀이공원의 어른 입장료는 어린이 입장료의 두 배라고 합니다. 어린이 8명과 어른 5명의 입장료가 54000원이라면 어린이 입장료는 얼마인가요?

________________ = ________________

② 아버지와 나는 28살 차이입니다. 4년 전에는 아버지 나이가 내 나이의 5배였다면 나는 현재 몇 살인가요?

________________ = ________________

③ 창의는 빨간 구슬과 파란 구슬을 합해 200개가 있었는데 그 중 23%가 빨간 구슬이었습니다. 친구에게 파란 구슬을 몇 개 주었더니 빨간 구슬의 비율이 40%가 되었습니다. 친구에게 준 파란 구슬은 몇 개인가요?

________________ = ________________

수학사에서 발견된 방정식

1 고대 중국에서 사용한 방정식 문제를 해결하려고 합니다. 다음 물음에 답해 보세요.

학과 거북이 바구니에 들어 있는데 머리가 35개이고, 다리가 94개입니다. 학과 거북은 각각 몇 마리 있습니까?

① 방정식으로 해결해 보세요.

② 또 다른 방법으로 해결해 보세요.

2 조선 후기 학자인 황윤석의 《이수신편》에 있는 '난법가'에 실린 문제를 해결하려고 합니다. 다음 물음에 답해 보세요.

닭과 토끼가 모두 100마리가 있는데 다리를 세어 보니 272개입니다. 닭과 토끼는 각각 몇 마리 있습니까?

① 방정식으로 해결해 보세요.

② 또 다른 방법으로 해결해 보세요.

❸ 기원전 19세기에 이집트의 수학자 아메스가 남긴 파피루스에는 '아하 문제'라는 것이 있는데, 가장 오래된 방정식 문제입니다. 여기서 '아하'는 모르는 어떤 수를 말합니다. '아하 문제'를 해결하려고 합니다. 다음 물음에 답해 보세요.

'아하'와 '아하'의 $\frac{1}{7}$의 합이 8일 때,
'아하'를 구하세요.

① 방정식으로 해결해 보세요.

② 또 다른 방법으로 해결해 보세요.

4 고대 그리스 수학자인 유클리드의 《그리스 시화집》에 나와 있는 문제입니다. 노새가 진 짐의 수를 구하려고 합니다. 다음 물음에 답해 보세요.

한 소금 장수가 말과 노새의 등에 소금 짐을 싣고 다른 마을로 가고 있었습니다. 말의 등에는 짐이 5개 올려져 있었는데 얼마 가지 못해서 말이 자기 짐이 너무 무겁다고 투덜거렸습니다.

그러자 옆에서 걷던 노새가 말한테 핀잔을 주었습니다.

"도대체 뭘 그렇게 투덜거리니? 내가 너에게서 짐 한 개를 받으면 내 짐은

네 짐의 두 배가 돼. 아니면 네가 내 짐 한 개를 가져가면 네 짐은 내 짐과 똑같이 된단 말이야. 그런데도 나는 가만히 있는데 너는 왜 그렇게 불평하니?"

① 방정식으로 해결해 보세요.

② 또 다른 방법으로 해결해 보세요.

5 다음은 중국 명나라 수학자 정대위가 쓴 《산법통종》에 나오는 문제로, 이 책은 조선시대에 가장 널리 쓰인 수학책이기도 합니다. 방의 개수와 손님의 수를 구해 보세요.

주막을 하는 이씨네 집에 손님이 많이 몰려 왔네.

한 방에 7명씩 들어가면 7명이 남고

9명씩 들어가면 방 하나가 남네.

6 1300년 경 중국 원나라에서 쓰인 《산학 계몽》에 있는 문제를 해결해 보세요.

좋은 말은 하루에 240리를 달리고, 둔한 말은 하루에 150리를 달립니다.

둔한 말이 12일 먼저 달려갔을 때, 좋은 말은

달리기 시작한 지 며칠 만에

둔한 말을 따라잡을 수 있습니까?

이야기 속의 방정식

1 백설 공주가 다음과 같이 말했습니다. 백설 공주의 나이는 몇 살일까요?

"나는 지금까지 내 인생 전체의 $\frac{1}{2}$을 내가 태어난 성에서 보냈고, 숲 속의 난쟁이 집에서 2년을 지냈으며, 유리관 속에서 잠든 채로 지금까지 살아온 인생의 $\frac{3}{8}$을 지냈어요."

2 디오판토스는 고대의 유명한 수학자입니다. 그러나 그가 언제, 어디서 태어났으며, 몇 살에 세상을 떠났는지 정확히 알 수 있는 기록이 없습니다. 다만 다음과 같은 글만이 디오판토스의 나이를 알려줄 뿐입니다. 디오판토스의 나이는 몇 살일까요?

문자와 식

 다음 글을 읽고 피타고라스의 제자는 몇 명인지 구해 보세요.

사모스 섬의 왕 포리쿠라테스는 피타고라스를 만나 제자가 몇 명이나 되느냐고 물었습니다. 피타고라스는 이렇게 대답하였습니다.
"포리쿠라테스 왕이시여, 가르쳐 드릴 테니 잘 들으십시오. 학생의 $\frac{1}{2}$은 훌륭히 수학을 연구하고 있고 $\frac{1}{4}$은 자연의 불가사의에 대해 연구하고 있습니다. 또 $\frac{1}{7}$은 침묵 속에서 영혼의 힘을 따르고 또 기르고 있습니다. 그 외에 3명의 여학생이 있습니다만 그들 중에서는 데아노가 가장 뛰어납니다. 저는 이 학생들을 영원한 진리의 선으로 이끌고 있습니다."

참인 문장 찾기

1 다음 문장이 참인지, 거짓인지 알아보세요.

① 어떤 수가 4의 배수이면 2의 배수입니다.

② 어떤 수가 3의 배수이면 6의 배수입니다.

③ 창의는 탐구보다 키가 큽니다. 창조는 탐구보다 키가 작습니다. 한준이는 창조보다 키가 큽니다. 따라서 한준이보다 탐구가 키가 큽니다.

④ 호수 둘레에 서서 창조와 창의가 마주 보고 있습니다. 호수 둘레를 따라 창조가 창의에게 가는 방법은 한 가지입니다.

2 다음 두 문장을 보고 창의와 친구들이 이야기를 하고 있습니다. 항상 참인 이야기를 하고 있는 친구는 누구인가요?

- 어떤 야구 선수는 소년들에게 인기가 있습니다.
- 소년들에게 인기가 있는 사람은 모두 행복합니다.

창의 : 그럼 행복한 사람은 야구 선수구나.

창조 : 소년들에게 인기는 없지만 행복한 사람도 있어.

한준 : 소년들에게 인기가 있는 사람이 아니면 야구 선수가 아니야.

유경 : 야구 선수 중에는 행복한 사람도 있고 그렇지 않은 사람도 있어.

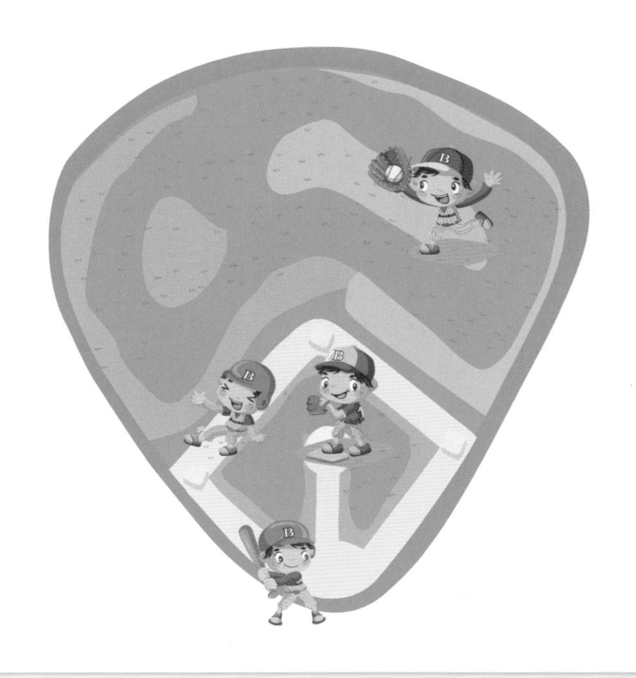

말 속에 숨은 뜻 찾기 I

1 창의와 창조, 탐구는 선생님과 모자 색깔 맞히기 퀴즈 놀이를 했습니다. 이 놀이는 눈을 가린 채 파란색 모자 3개와 분홍색 모자 2개 중 각자 하나를 골라 쓰고, 앞 사람의 모자 색을 보고 자신의 모자 색을 알아맞히는 놀이입니다. 다음을 읽고 물음에 답해 보세요.

> 창의 뒤에 창조, 창조 뒤에 탐구가 서도록 한 뒤 눈가리개를 풀어 주었습니다. 탐구는 자신의 모자 색을 알 수 없다고 말했습니다. 그 말을 들은 창조도 알 수 없다고 말했습니다. 이때, 창의는 자신의 모자 색을 안다고 말했습니다.(단, 자신의 앞에 있는 사람의 모자만 볼 수 있습니다.)

① 창의는 자신의 모자 색을 어떻게 알 수 있었을까요?

② 창의의 모자는 무슨 색인가요?

③ 창의와 창조, 탐구가 이번에는 원탁에 앉은 후 선생님과 모자 색깔 맞히기 퀴즈 놀이를 했습니다. 다음을 읽고 창의는 어떻게 자신의 모자 색을 알아맞혔는지 적어 보세요.

선생님이 눈을 가린 채 기다리는 세 사람 모두에게 파란색 모자 3개와 분홍색 모자 2개 중 하나씩을 골라 씌어준 뒤 눈가리개를 풀어 주었습니다. 서로를 바라보고 나서 창조와 탐구는 자신의 모자 색을 알 수 없다고 말했습니다. 이때, 창의가 자신의 모자는 파란색이라고 말했습니다.

2 다음을 읽고 한준이가 쓴 모자는 무슨 색인지 알아보세요.

창의와 탐구, 한준이는 소풍을 갔습니다. 셔틀 버스에서 만난 셋을 보니 모두 가방을 메고 모자를 쓰고 있었습니다. 창의는 빨간색 가방, 탐구는 파란색 가방, 한준이는 노란색 가방을 메고 있었습니다.
"우리들이 쓴 모자는 빨간색, 파란색, 노란색이지만 각자의 가방 색과는 다르네!" 하고 창의가 말했습니다. 그랬더니 노란 모자를 쓴 친구가 "정말 그렇구나!" 하고 대답했습니다.

말 속에 숨은 뜻 찾기Ⅱ

1 수학을 잘하는 4명의 학생과 과학을 잘하는 4명의 학생이 서로 짝을 지어 와이즈만 골든벨 대회에 참가하려고 합니다. 학생들은 서로 짝이 되고 싶은 친구들을 다음과 같이 이야기했습니다. 어떻게 짝을 지으면 8명 모두 만족할 수 있을까요?(단, 수학을 잘하는 학생은 창의, 정환, 홍주, 선아이고, 과학을 잘하는 학생은 한준, 세리, 운재, 미연입니다.)

- 세리는 정환이나 홍주와 팀을 이루고 싶어 합니다.
- 운재는 창의나 정환이와 팀을 이루고 싶어 합니다.
- 미연이는 창의나 홍주와 팀을 이루고 싶어 합니다.
- 정환이는 한준이나 운재와 팀을 이루고 싶어 합니다.

2 창의, 유경, 탐구, 창조는 달리기 시합을 했습니다. 문장을 보고 숨은 뜻을 찾아 각각의 옷 색깔과 몇 등을 했는지 알아보려고 합니다. 다음 물음에 답해 보세요.

가. 창조는 탐구보다 전에 도착했습니다.
나. 유경이는 창의보다 늦게 도착했으나 초록색 옷을 입은 사람보다는 먼저 도착했습니다.
다. 노란색 옷을 입은 사람은 1등은 아니지만 빨간색 옷을 입은 사람보다는 먼저 도착했습니다.
라. 초록색 옷을 입은 사람과 노란색 옷을 입은 사람은 연달아 도착하지 않았습니다.
마. 주황색 옷을 입은 사람이 있습니다.

① 나 문장에 숨어 있는 뜻은 무엇인가요?

② 각각 무슨 색 옷을 입었나요?

③ 각각 몇 등을 했나요?

바둑알 가져가기 게임

바둑알 200개가 한 줄로 배열되어 있습니다. 규칙 에 따라 게임을 하고 필승 전략을 찾으려고 합니다. 다음 물음에 답해 보세요.

규칙

- 두 사람이 번갈아 가면서 바둑알을 가져갑니다.
- 1~3개까지 가져가되 반드시 인접한 바둑알을 가져가야 합니다.
  (단, 한 개를 가져갈 때는 관계 없습니다.)
- 마지막 바둑알을 가져가는 사람이 이깁니다.

① 바둑알 5개가 한 줄로 배열되어 있는 경우 처음 하는 사람이 이기려면 어느 바둑알을 가져가야 하나요?

② 바둑알 6개가 한 줄로 배열되어 있는 경우 처음 하는 사람이 이기려면 어느 바둑알을 가져가야 하나요?

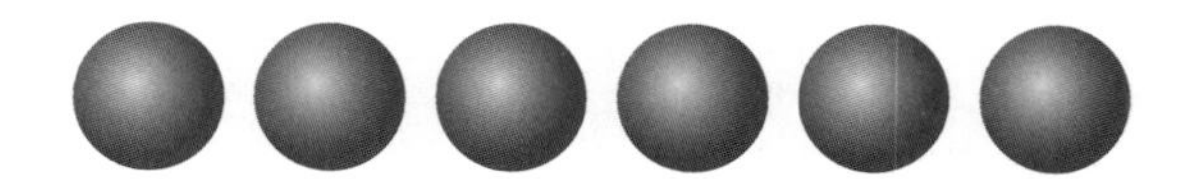

③ 바둑알 7개가 한 줄로 배열되어 있는 경우 처음 하는 사람이 이기려면 어느 바둑알을 가져가야 하나요?

④ 바둑알 8개가 한 줄로 배열되어 있는 경우 처음 하는 사람이 이기려면 어느 바둑알을 가져가야 하나요?

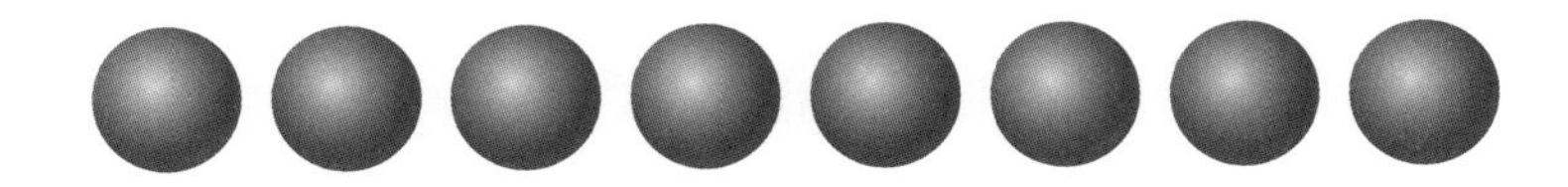

⑤ 한 줄로 배열되어 있는 200개의 바둑알을 가지고 게임을 할 때의 필승 전략을 찾아 적어 보세요.

수조에 물 채우고 빼기

1 A관을 통해서 수조에 물을 가득 채우는 데 5시간이 걸리고, 가득 찬 물이 B관을 통해서 모두 빠져나가는 데 9시간이 걸립니다. 다음 물음에 답해 보세요.

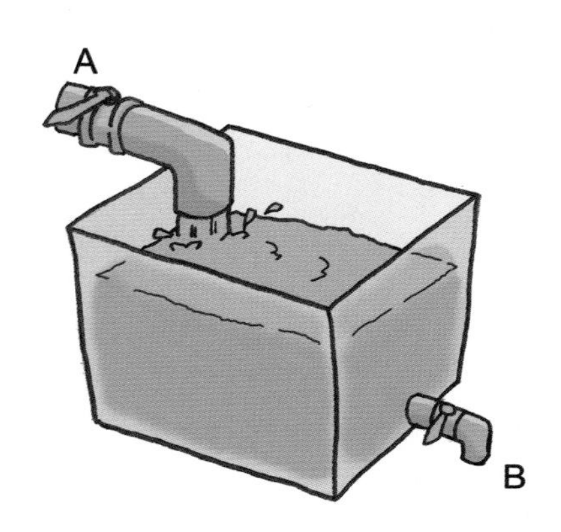

① 수조에 가득찬 물의 양을 1이라 한다면, A관을 통해서 1시간 동안 채울 수 있는 물의 양은 얼마인가요?

② 수조에 가득찬 물의 양을 1이라 한다면, B관을 통해서 1시간 동안 빠져나가는 물의 양은 얼마인가요?

③ 수조에 가득찬 물의 양을 1이라 한다면, A관을 통해서 물이 수조로 들어오고 동시에 B관을 통해서 물이 빠져나갈 때 1시간 동안 수조에 채워지는 물의 양은 얼마인가요?

④ 수조에 물이 하나도 없을 때, A관을 통해서 물이 수조로 들어오고 동시에 B관을 통해서 물이 빠져나간다면 수조에 물이 가득 차는 순간은 A관과 B관을 연 순간으로부터 얼마 후인지 구해 보세요.

2 수조에 A관을 통해서만 물을 가득 채우면 4시간이 걸리고, B관을 통해서만 수조에 물을 가득 채우면 8시간이 걸립니다. 가득 찬 물이 C관을 통해서 모두 빠져나가는 데는 6시간이 걸립니다.
만약 비어 있는 수조에 A, B관을 통해서 물이 들어오고 동시에 C관을 통해서 물이 빠져나간다면, 수조에 물이 가득 차는 순간은 A관, B관, C관을 연 순간으로부터 얼마 후인지 구해 보세요.

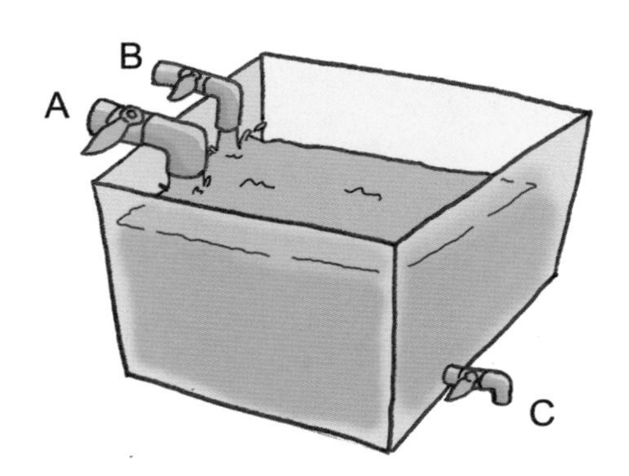

풀의 양 구하기

A, B, C 세 목장이 있습니다. 세 목장은 넓이가 같고 풀이 매일 똑같이 자라나고 있습니다. A목장에는 27마리, B목장에는 23마리, C목장에는 21마리의 말이 있습니다. 그런데 A목장에서는 말들이 6주 만에 풀을 모두 먹었고, B목장에서는 말들이 9주 만에 풀을 모두 먹었다고 합니다. 다음 물음에 답해 보세요.(단, 한 마리의 말이 먹는 풀의 양은 세 목장 모두 같고, 처음에 있던 풀의 양도 같습니다.)

① 1마리의 말이 1주 동안 먹는 풀의 양을 1이라 한다면, A목장에서 27마리의 말이 6주 동안 먹은 풀의 양은 얼마일까요?

② 1마리의 말이 1주 동안 먹는 풀의 양을 1이라 한다면, B목장에서 23마리의 말이 9주 동안 먹은 풀의 양은 얼마일까요?

③ ①과 ②의 풀의 양의 차이에서 어떤 사실을 발견할 수 있나요?

④ ③에서 발견한 사실을 이용해 한 주 동안에 자라나는 풀의 양을 구해 보세요.

⑤ 1주 동안에 자라나는 풀의 양을 이용해 처음 풀의 양을 구해 보세요.

⑥ 1마리의 말이 1주 동안 먹는 풀의 양을 1이라 한다면, C목장에서 21마리의 말이 1주에 먹는 풀의 양은 1주에 자라는 풀의 양과 얼마나 차이가 날까요?

⑦ ⑥에서 풀의 양의 차이는 어떻게 보충해야 할까요?

⑧ C목장의 말들이 풀을 먹는 데 걸리는 시간은 얼마일까요?

⑨ C목장의 말들이 풀을 모두 먹는 데 걸리는 시간을 식을 세워서 해결해 보세요.

일의 양에 관한 문제 해결하기

1 세 대의 슈퍼컴퓨터 A, B, C가 인간의 유전자 지도를 만들고 있습니다. A컴퓨터만으로 인간의 유전자 지도를 만드는 데 15년이 걸리고, B컴퓨터만으로는 20년이 걸리며, C컴퓨터만으로는 30년이 걸린다고 합니다. 다음 물음에 답해 보세요.

① 유전자 지도를 만드는 일의 양을 1이라 한다면, A컴퓨터, B컴퓨터, C컴퓨터가 1년에 만들 수 있는 지도의 양은 각각 얼마인가요?

② 유전자 지도를 만드는 일의 양을 1이라 한다면, A컴퓨터, B컴퓨터 그리고 C컴퓨터가 같이 작동해서 1년에 만들 수 있는 지도의 양은 얼마인가요?

③ 세 대의 컴퓨터를 서로 연결해 같이 작동하게 한다면 인간의 유전자 지도를 만드는 데 얼마나 걸릴까요?

2 8명이 9시간 동안 일해야 끝마칠 수 있는 일이 있습니다. 이 일을 3명이 8시간 동안 한 후에, 다시 8명이 일해서 끝마쳤습니다. 다음 물음에 답해 보세요.(단, 한 사람이 할 수 있는 일의 양은 모두 같습니다.)

① 전체 일의 양을 1이라 한다면, 1명이 1시간 동안 한 일의 양은 얼마인가요?

② 전체 일의 양을 1이라 한다면, 3명이 8시간 동안 한 일의 양은 얼마인가요?

③ 다시 8명이 일을 모두 끝마치는 데 몇 시간이 걸릴까요?

④ 1명이 1시간 동안 하는 일의 양을 1이라 한다면, 어떻게 해결할 수 있을까요?

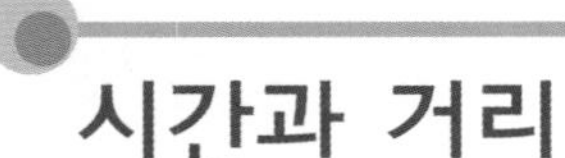

시간과 거리

1. 다음을 읽고 길용이가 학교에 도착한 시각을 구하세요.(단, 집에서 머문 시간은 생각하지 않습니다.)

> 길용이는 학교에 가려고 오전 7시 40분에 집에서 나왔습니다. 1시간에 3km의 속력으로 걸어가다가 12분 후에 도시락을 안 가져온 걸 알고 2배의 속력으로 집으로 되돌아갔습니다. 집에 도착한 즉시 도시락을 챙겨 자전거를 타고 집으로 돌아올 때 속력의 2배의 속력으로 학교에 도착했습니다. 길용이가 3km의 속력으로 걸어서 학교에 갈 때보다 6분 일찍 도착했습니다.

2. 길이가 같은 두 양초가 있습니다. 하나는 3시간 만에 다 타고 또 다른 하나는 7시간 만에 다 탄다고 합니다. 남은 양초의 길이 하나가 다른 하나의 3배가 될 때는 동시에 불을 붙이고 나서 몇 분 후인지 구하세요.

3 가 지점에서 나 지점 사이의 거리는 400m입니다. 길용이는 1분에 40m의 속력으로 가 지점에서 나 지점을 향해서 걷기 시작하고, 동시에 서주는 1분에 120m의 속력으로 나 지점에서 가 지점으로 걷기 시작했습니다. 서주는 가 지점으로 걷다가 길용를 만나면 바로 나 지점으로 되돌아가고, 나 지점에 도착하면 바로 가 지점을 향해서 다시 길용이와 만나는 곳까지 걷습니다. 서주가 길용이를 2번 만나는 동안 걸은 거리는 모두 몇 m인지 구하세요.

4 서울과 천안 사이의 거리는 80km입니다. KTX와 무궁화호 열차가 각각 서울, 천안 두 지역에서 마주 향하여 달렸습니다. 두 기차는 출발한 지 50분 만에 서로 만났고, 두 기차가 만나고 나서 20분이 지난 후 무궁화호 열차는 서울과 천안 두 지역의 중간 지점에 도착했습니다. 이때, KTX는 천안 지역으로부터 몇 km 떨어져 있는지 구하세요. (단, 두 기차는 각각 일정한 속력으로 이동합니다.)

Memo

12-13쪽
여러 방향에서 본 모습

① 옆, 위, 앞

② 옆, 앞, 위
〈풀이〉 각 방향에서 본 쌓기나무의 평면 그림은 쌓기나무를 45° 각도에서 본 모습입니다.

생각 열기

아이가 쌓기나무를 쌓은 모양과 위, 앞, 옆에서 본 모양의 연결을 힘들어 하는 경우에는 그림을 보고 직접 쌓기나무를 쌓아 보는 활동을 해 봅니다.

❷

①
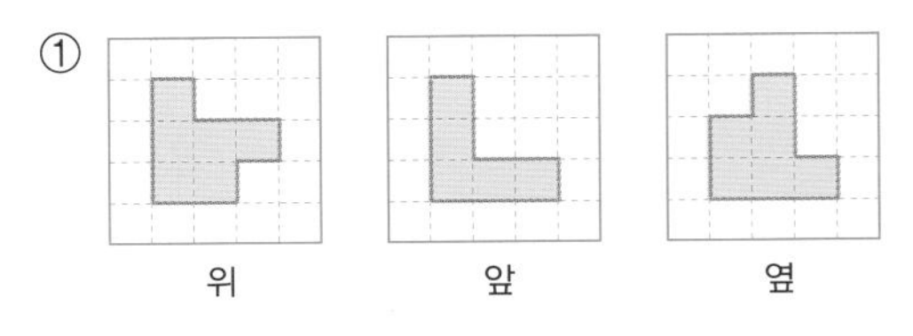

②
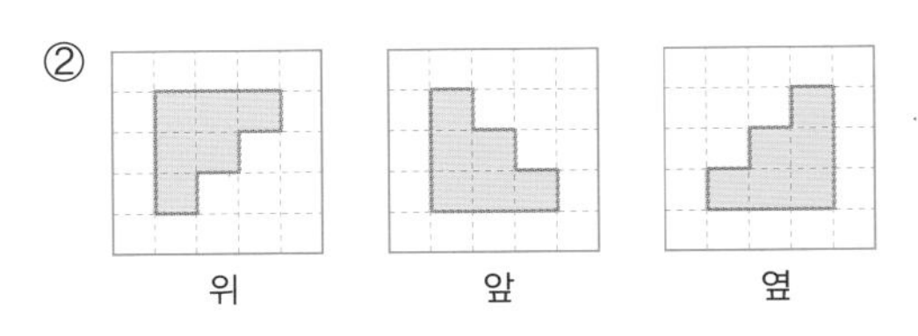

〈풀이〉 쌓기나무의 개수를 확인하고 보이지 않는 곳에도 쌓기나무가 쌓여 있다는 것을 꼭 확인합니다.

틀리기 쉬워요

쌓기나무를 쌓은 모양에서 보이지 않는 곳에도 쌓기나무가 쌓여 있습니다. 네모 안의 수를 잘 확인하고 평면 그림을 그립니다.

14-17쪽
원래의 모양

①
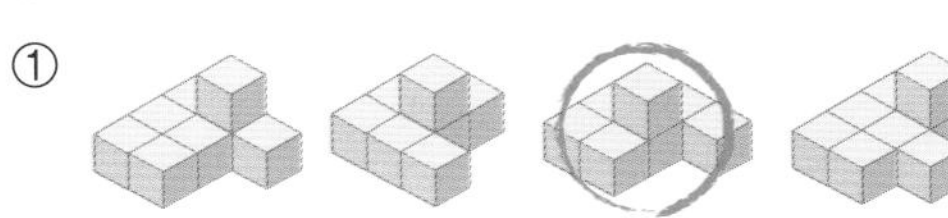

②
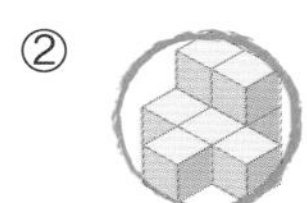 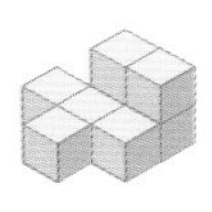 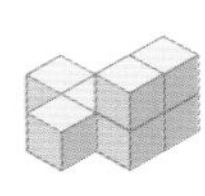 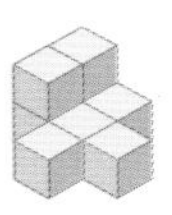

〈풀이〉 위, 앞, 옆에서 본 평면 그림과 제시된 쌓기나무 모양을 비교해 확인합니다.

❷

①
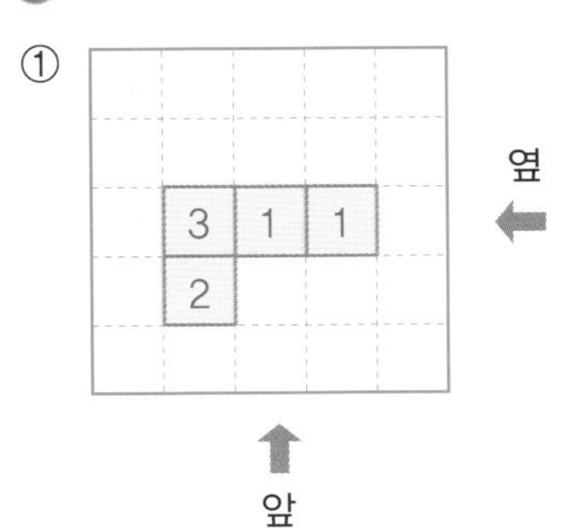

②

〈풀이〉 ①에서 전체적인 입체 모양을 예상해 보고, 한 줄씩 그려 봅니다. 다 그린 후에는 위, 앞, 옆에서 본 모양이 맞는지 확인합니다.

❸

①

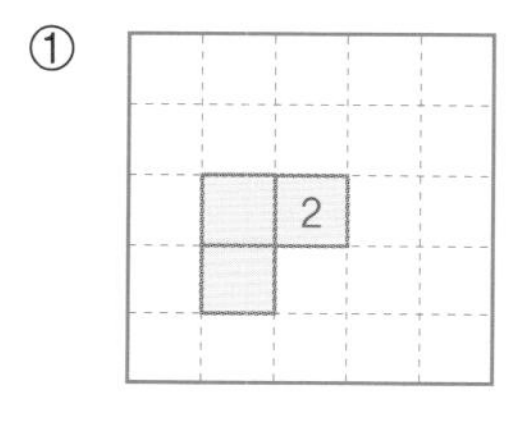

위

②

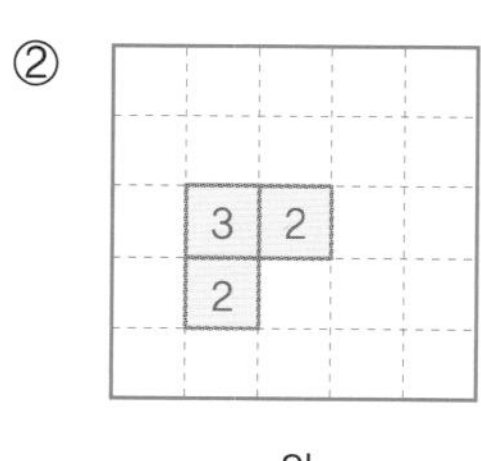

위

〈풀이〉

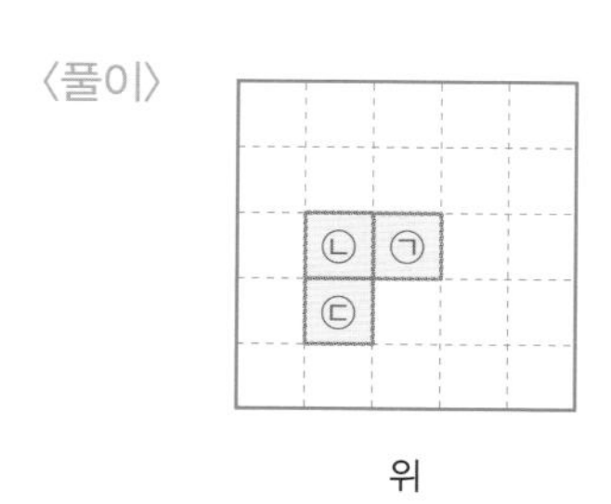

위

㉠ 자리에는 2개의 쌓기나무가 쌓여 있습니다. 옆에서 본 모습에서 ㉡ 자리에는 3개의 쌓기나무가, ㉢ 자리에는 2개의 쌓기나무가 쌓여 있음을 알 수 있습니다.

생각 열기

문제를 이해하기 힘들어 하는 경우는 쌓기나무를 이용해 직접 쌓아 보면서 생각을 정리하는 활동을 해 봅니다.

③

❹

① 9개

〈풀이〉

1	3	1
	2	1
	1	

사용된 쌓기나무의 개수를 알기 위해서는 쌓기나무의 쌓인 모양을 알아야 합니다. 위에서 본 모습 위에 쌓기나무가 쌓여 있는 개수를 써 넣으며 문제를 해결할 수 있습니다.

② 12개

〈풀이〉

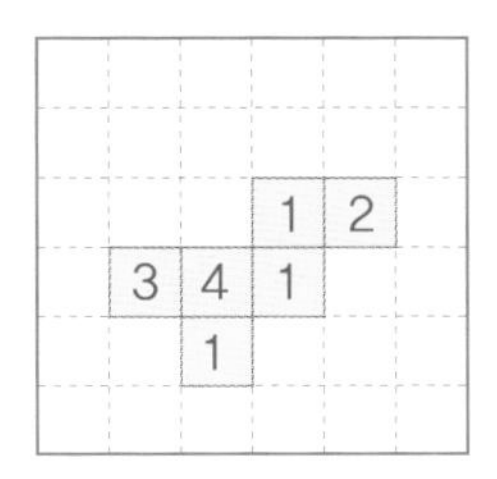

18-21쪽

모양을 찾고 만들기

①

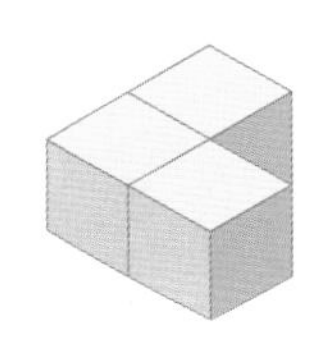 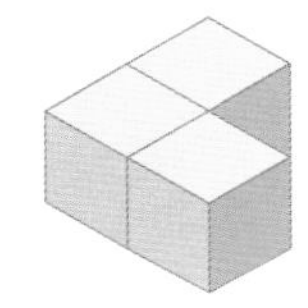

〈풀이〉 제시된 쌓기나무는 모두 6개로 만들어져 있으므로 사용된 조각은 3개짜리 조각입니다. 따라서 주어진 도형을 적절히 3개짜리 조각으로 나누면

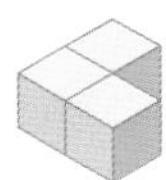 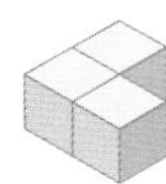 입니다.

②

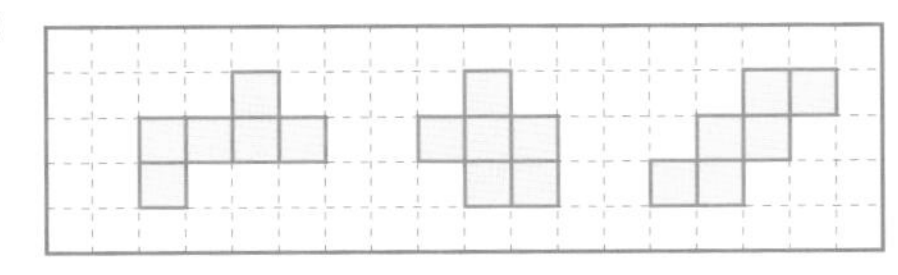

〈풀이〉 1층으로 된 다른 모든 모양을 찾기 위해서는 규칙을 세워 체계적으로 찾아야 합니다. 예를 들어, 한 줄에 올 수 있는 쌓기나무의 최대 개수는 4개이므로 한 줄에 쌓기나무가 4, 3, 2개가 놓여진 경우로 나누어 찾아볼 수 있습니다.

③ 〈예시 답〉

〈풀이〉 다음 두 쌓기나무 모양과 같이 돌리거나 뒤집었을 때 같은 모양은 모두 같은 것으로 봅니다.

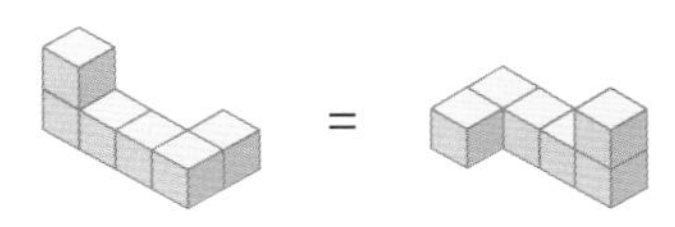

또한 다음 두 쌓기나무 모양과 같이 얼핏 보기에는 같은 모양 같지만 회전해 돌렸을 경우에는 다른 모양으로 봅니다.

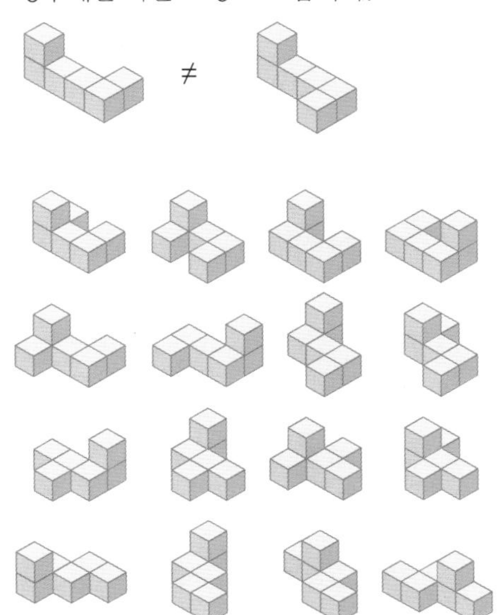

정답과 풀이

④

	2	1	2				2		2						2	
	1				2	1	1		1	1	2		1	2	1	
		1				1	2			2			2	2		
		2			2	1			1	1				1	1	
	2	1							2							
		2	2		1	2				2	1		1	2		
	1	1				2	1		1	2			2	1		
	2	1			2	1				2	1					
	2	1				2	1		2	1						

〈풀이〉

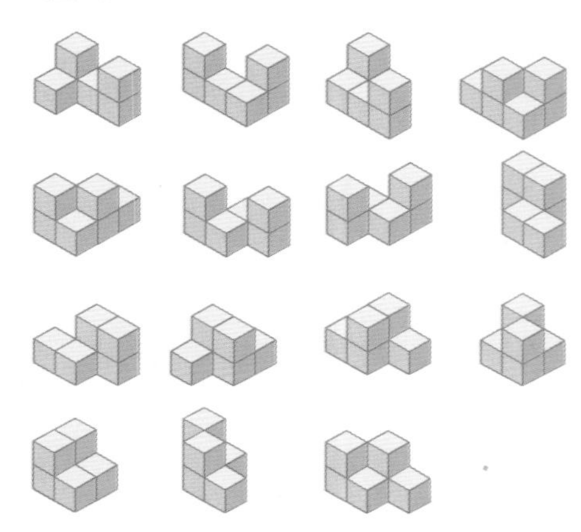

22-23쪽

똑같이 나누기

❶

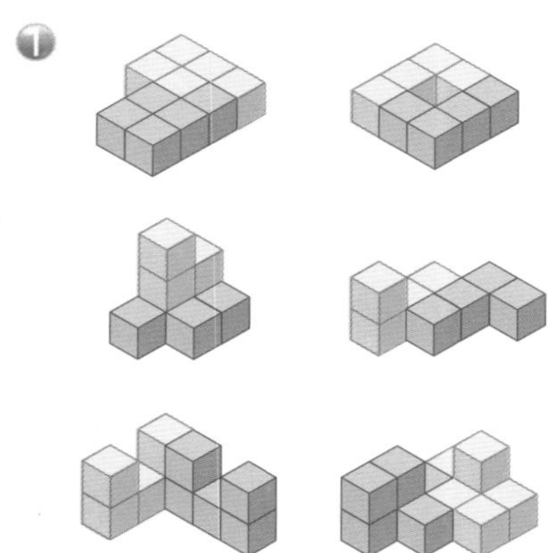

〈풀이〉 세 번째 모양의 경우, 나눌 수 있는 모양은 이렇습니다.

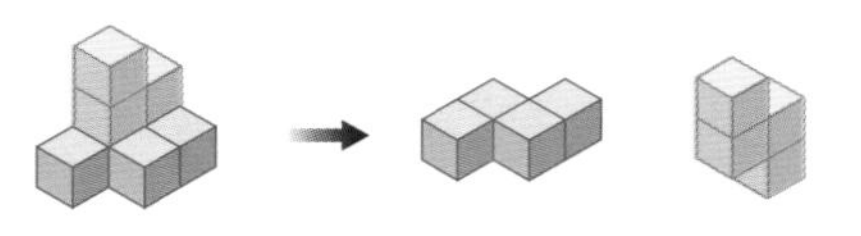

나눌 수 있는 모양의 쌓기나무의 개수는 전체 쌓기나무의 개수를 2로 나눈 몫입니다.

❷

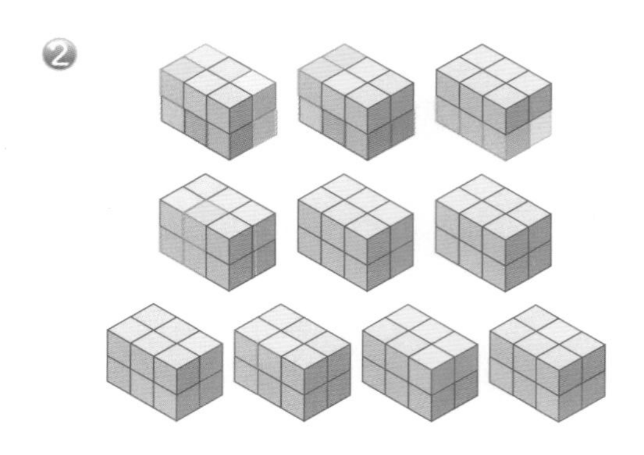

〈풀이〉 쌓기나무 12개를 이용해 만든 모양이므로 나눌 수 있는 모양의 개수는 12를 나누어떨어지게 하는 수만이 가능하기 때문에 1, 2, 3, 4, 6입니다. 따라서 보기 외에 나눌 수 있는 모든 모양은 다음의 10가지입니다.

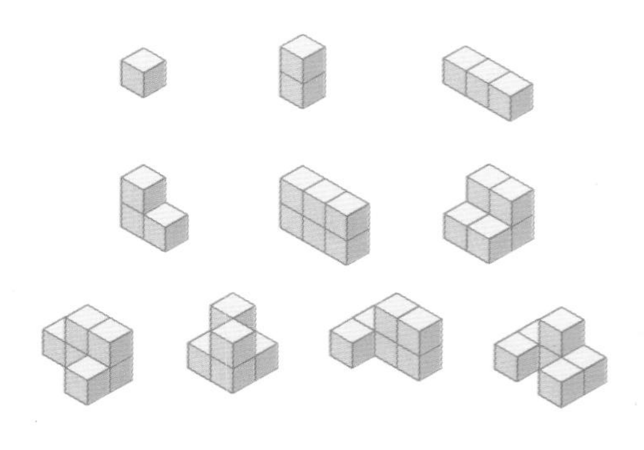

24-27쪽
투명한 쌓기나무, 색칠된 쌓기나무

①

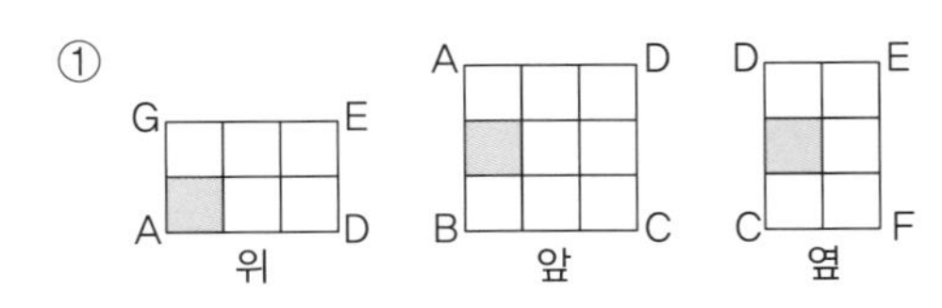

②

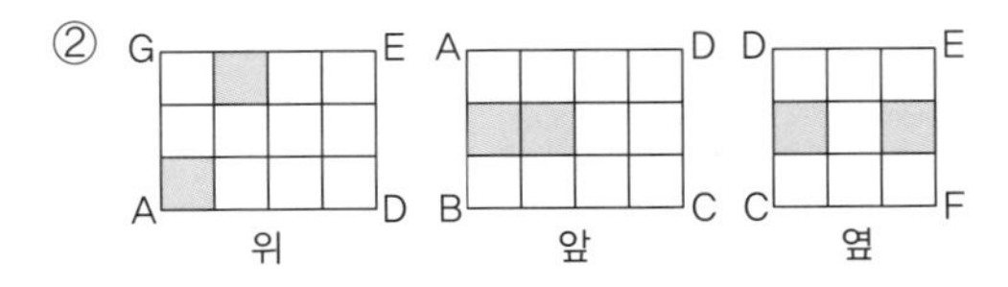

③ (3, 2, 3)

〈풀이〉 투명한 쌓기나무와 색칠된 쌓기나무가 쌓인 모양은 다음 그림과 같습니다.

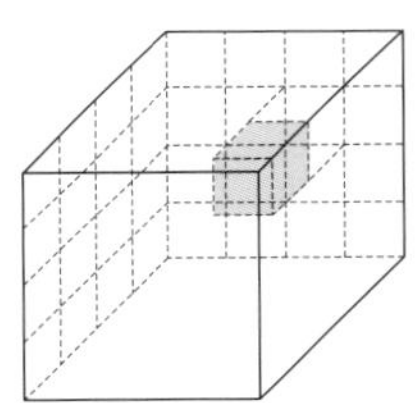

개념 확인

공간에 있는 위치를 표현하기 위해서 공간좌표계(3차원 좌표계)를 사용합니다. 예를 들어, 왼쪽에서 오른쪽으로 2번째, 뒤에서 앞으로 1번째, 아래에서 위로 2번째의 위치는 (2, 1, 2)로 표현합니다.

④ (1, 4, 3), (1, 2, 1)

〈풀이〉

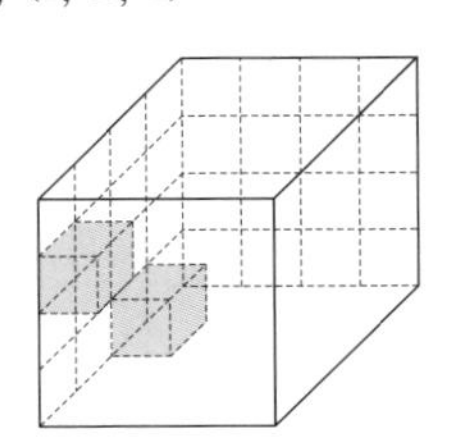

28-33쪽
기둥과 뿔

1

① 〈예시 답〉 기둥은 위와 아래에 있는 면이 서로 평행이고 합동인 입체도형이다. 또 옆면은 밑면과 수직이고 직사각형이다.

② 밑면의 모양

〈풀이〉 밑면의 모양이 원으로 되어 있는 것과 다각형으로 되어 있는 것을 나누었습니다.

2

① 〈예시 답〉 뿔은 밑면이 하나이고 밑면의 반대편이 뾰족한 꼭짓점으로 되어 있는 것을 말한다.

② 〈예시 답〉 각뿔은 밑면이 다각형이고 옆면은 삼각형으로 되어 있지만, 원뿔은 밑면이 원이고 옆면은 삼각형이 아니다. 또, 각뿔은 꼭짓점의 개수가 (밑면의 꼭짓점의 개수+1)이지만 원뿔의 꼭짓점은 1개이다.

3

①

이름 : 삼각기둥
면 : 5개
모서리 : 9개
꼭짓점 : 6개

②

이름 : 삼각뿔
면 : 4개
모서리 : 6개
꼭짓점 : 4개

③

이름 : 사각기둥
면 : 6개
모서리 : 12개
꼭짓점 : 8개

④

이름 : 사각뿔
면 : 5개
모서리 : 8개
꼭짓점 : 5개

⑤

이름 : 오각기둥
면 : 7개
모서리 : 15개
꼭짓점 : 10개

⑥

이름 : 오각뿔
면 : 6개
모서리 : 10개
꼭짓점 : 6개

⑦

이름 : 원기둥
면 : 3개
모서리 : 0개
꼭짓점 : 0개

⑧

이름 : 원뿔
면 : 2개
모서리 : 0개
꼭짓점 : 1개

개념 확인

각기둥, 각뿔, 원기둥, 원뿔의 면, 모서리, 꼭짓점의 개수를 구하는 규칙은 다음과 같이 정리할 수 있습니다.

	면의 개수	모서리의 개수	꼭짓점의 개수
각기둥	밑면의 변의 수+2	밑면의 변의 수×3	밑면의 변의 수×2
각뿔	밑면의 변의 수+1	밑면의 변의 수×2	밑면의 변의 수+1
원기둥	3	0	0
원뿔	2	0	1

④ 명진 74

은솔 칠각기둥

희진 오각뿔

〈풀이〉

명진

- 면의 수 : 밑면 2+옆면 12=14(개)
- 모서리의 수 : 12×3=36(개)
- 꼭짓점의 수 : 12×2=24(개)
- 면+모서리+꼭짓점의 수
  14+36+24=74(개)

은솔

밑면의 개수가 2개이므로 각기둥입니다. 각기둥의 모서리의 개수는 (밑면의 변의 개수×3)=21이므로, 밑면의 모양이 칠각형인 칠각기둥입니다.

희진

옆면의 모양이 이등변삼각형이므로 각뿔입니다. 각뿔의 면 개수는 (밑면의 변 개수+1)이고, 꼭짓점의 개수는 (밑면의 꼭짓점(변) 개수+1)이므로 (밑면의 변 개수×2+2)=12가 됩니다. 밑면의 모양이 오각형인 오각뿔입니다.

34–35쪽

각뿔과 원기둥의 전개도

①

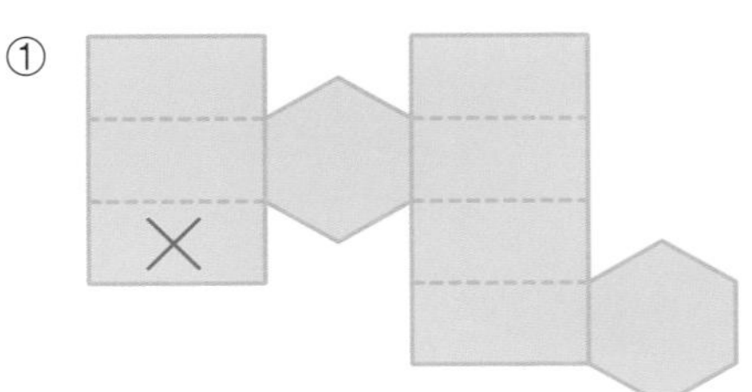

〈풀이〉

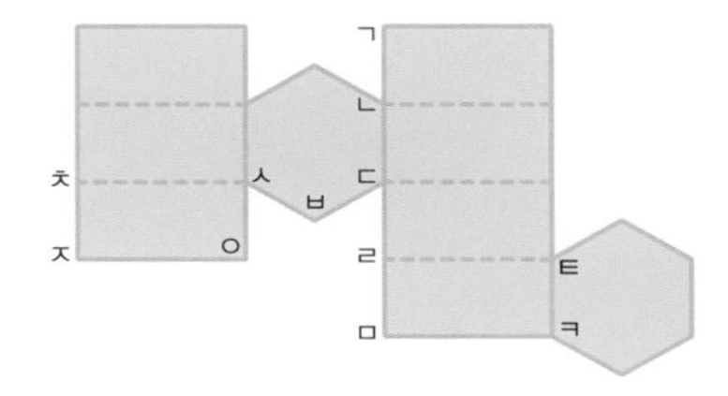

밑면이 합동인 육각형이므로 육각기둥입니다. 옆면은 6개여야 하지만 전개도의 옆면은 7개이므로 옆면을 하나 지워야 합니다.

전개도를 접었을 때 만나게 되는 모서리를 살펴보면 변 ㄹㅁ과 변 ㅂㅅ과 만나면서 동시에 변 ㅅㅇ과도 만납니다. 그러므로 면 ㅅㅇㅈㅊ이나 면 ㅌㅋㅁㄹ 둘 중에 하나를 없애야 합니다. 하지만 면 ㅌㅋㅁㄹ은 밑면과 붙어 있기 때문에 면 ㅅㅇㅈㅊ을 없애야 합니다.

②

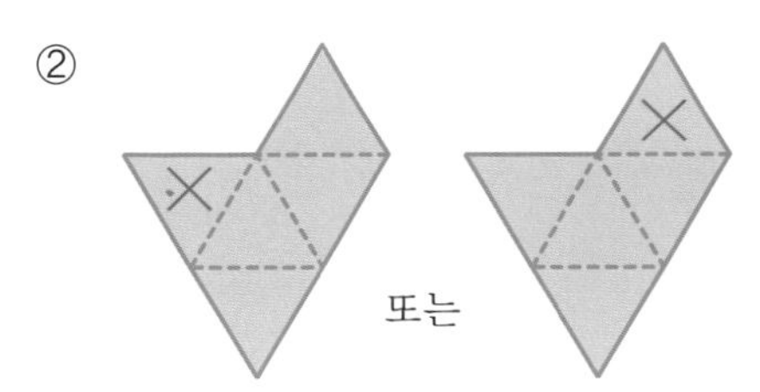

〈풀이〉 전개도는 삼각뿔을 그린 것입니다.

③

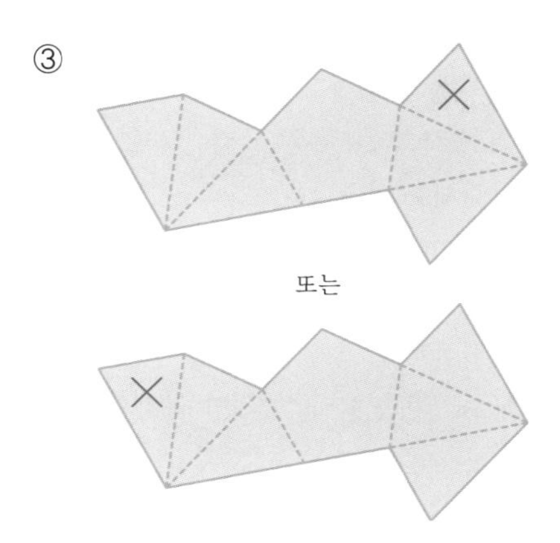

〈풀이〉

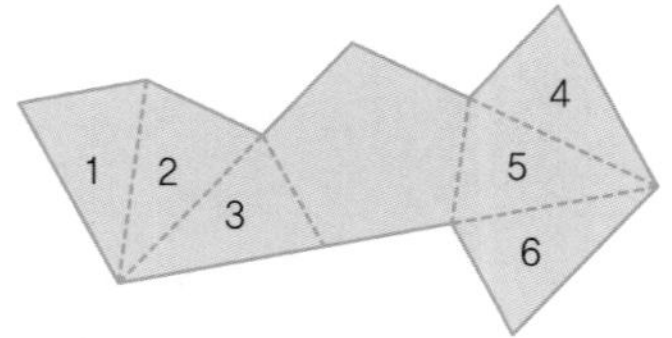

한 면은 오각형이고 나머지 면은 삼각형으로 이루어진 오각뿔입니다. 오각뿔의 옆면의 개수는 5개이므로 옆면을 하나 지워야 합니다.
전개도를 접었을 때 1과 4의 면이 겹치므로 1 또는 4의 면을 지워야 합니다.

각뿔 다각형의 각 변을 밑변으로 하고, 다각형을 포함하는 평면 밖의 한 점을 공통의 꼭짓점으로 하는 삼각형으로 둘러싸인 입체를 말합니다.
이때, 꼭짓점에서 밑면에 내린 수선의 발이 반드시 밑면의 중심에 오지 않아도 각뿔이 될 수 있습니다.

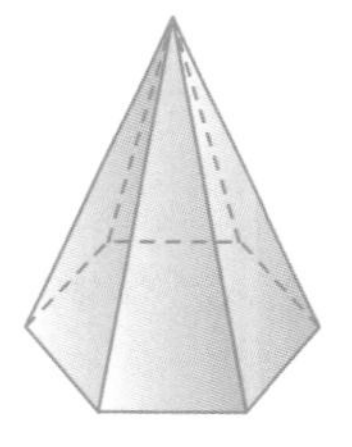

원뿔 원을 포함하는 평면 밖의 한 점과 원 위의 각 점을 이은 선분 전체로 둘러싸인 입체를 말합니다.
넓은 의미의 정의에서 기둥에서와 마찬가지로 원뿔의 꼭짓점과 밑면의 중심을 이은 직선이 밑면과 수직을 이루지 않아도 모두 원뿔입니다. 하지만 교과서에는 원뿔의 꼭짓점과 밑면의 중심을 이은 직선이 밑면과 수직이라는 조건 안에서 문제가 나옵니다.

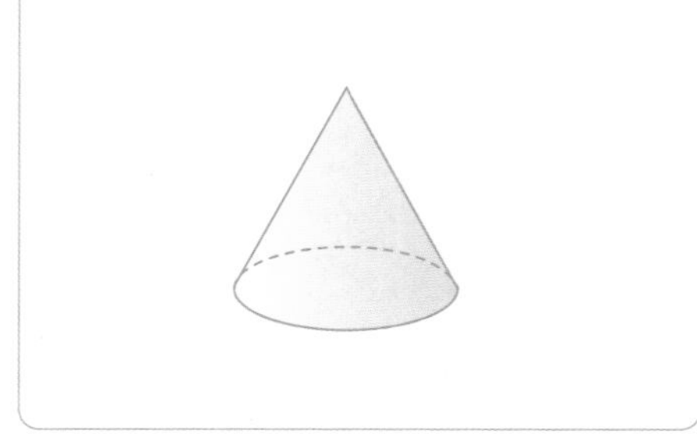

2

① 원기둥의 전개도는 옆면이 직사각형이므로, 옆면을 직사각형으로 고쳐야 한다.

② 원기둥은 두 밑면이 합동인 원이므로, 이 전개도의 두 원을 합동으로 고쳐야 한다.

③ 원기둥의 전개도에서 밑면인 원의 둘레와 옆면인 직사각형의 가로의 길이가 같아야 하므로, 이 전개도는 원의 둘레보다 더 긴 직사각형의 가로의 길이를 줄여야 한다.
〈풀이〉 원기둥의 전개도에서 두 밑면은 합동인 원으로 되어 있고 옆면은 직사각형입니다. 또한 밑면의 둘레의 길이와 옆면의 직사각형의 가로의 길이가 같아야 합니다.

36-37쪽

전개도의 활용

①

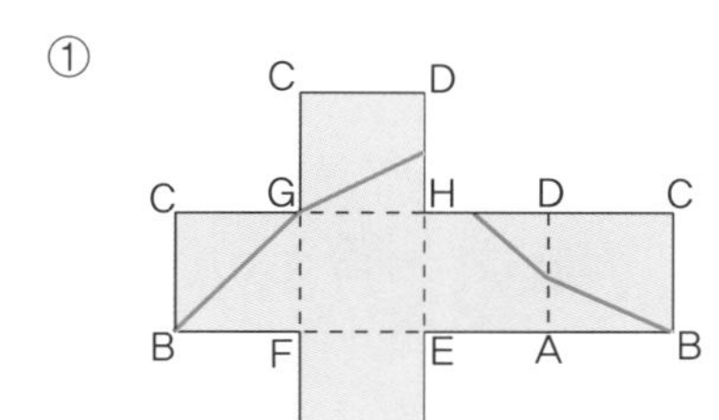

②

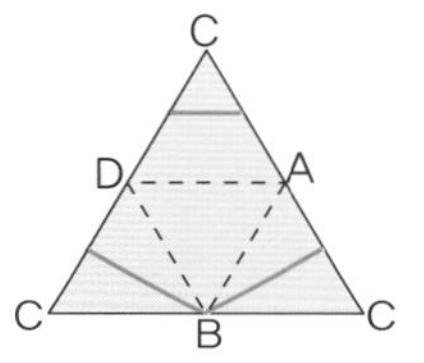

〈풀이〉 각각의 입체도형 꼭짓점에 기호를 붙인 다음 전개도에서 기호가 어디에 위치하는지 확인하면 문제를 쉽게 해결할 수 있습니다.

①

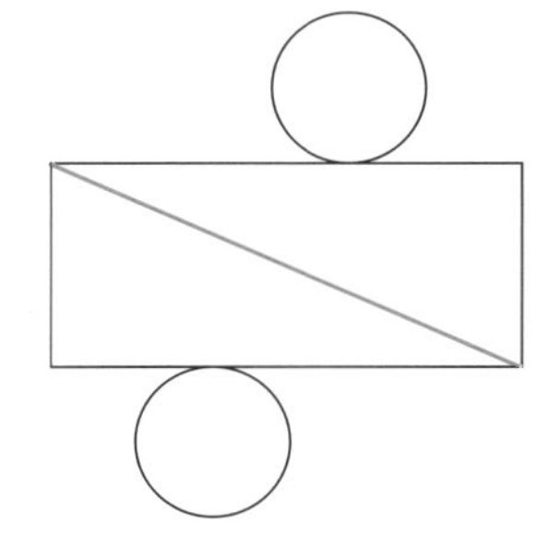

②

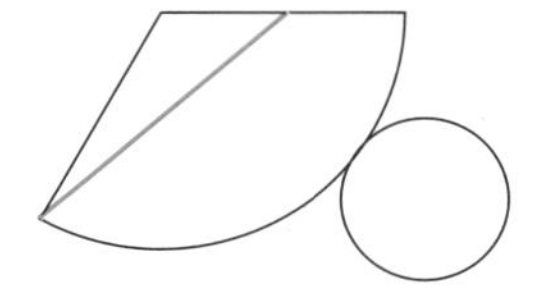

〈풀이〉 최단거리를 나타내는 선은 직선입니다. 전개도를 그리면서 빨간색 선의 위치를 확인합니다.

수와 연산 

40-41쪽

나눗셈 퍼즐

❶ A : 2, B : 4

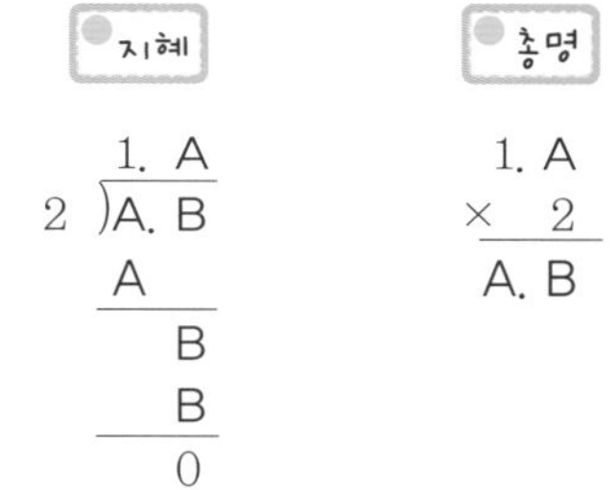

〈풀이〉 알파벳이 나타내는 수를 구하기 위해서는 나눗셈 퍼즐에 제시된 수와 수의 관계를 파악해야 합니다. 나눗셈과 곱셈은 서로 역연산 관계입니다.

❷

① A : 2, B : 8, C : 4

〈풀이〉 우선 몫의 소수 첫째 자릿수가 4이므로 C, B를 구할 수 있습니다.

```
      A.4
12 )A8.8
    A4
     48
     48
      0
```

C가 4이므로 A는 2 또는 7임을 알 수 있

습니다. 나눗셈을 만족하는 수는 2입니다.

$$\begin{array}{r} 2.4 \\ 12\overline{)28.8} \\ \underline{24} \\ 4\,8 \\ \underline{4\,8} \\ 0 \end{array}$$

② A : 8, B : 7, C : 1, D : 6

〈풀이〉 몫의 소수 첫째 자릿수가 1이므로 A는 8입니다. 또한 소수 둘째 자릿수가 2이므로 C, D를 구할 수 있습니다.

$$\begin{array}{r} B.12 \\ 8\overline{)5B} \\ \underline{56} \\ 10 \\ \underline{8} \\ 20 \\ \underline{16} \\ 4 \end{array}$$

계산 과정에서 5B−56=1이므로 B=7임을 알 수 있습니다.

$$\begin{array}{r} 7.12 \\ 8\overline{)57} \\ \underline{56} \\ 10 \\ \underline{8} \\ 20 \\ \underline{16} \\ 4 \end{array}$$

③

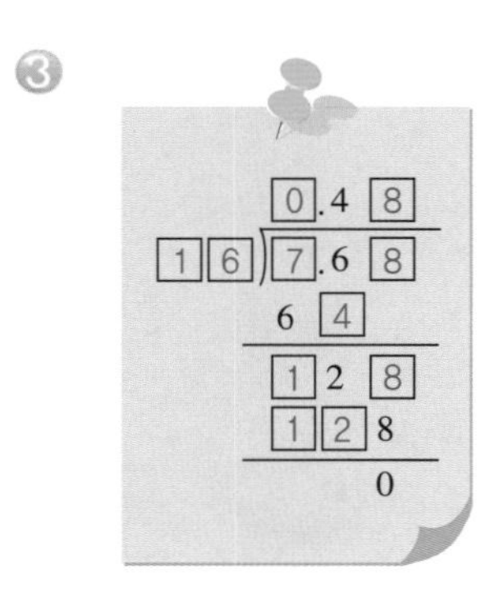

42-43쪽

큰 소수, 작은 소수

1

① 가장 큰 소수 / 가장 작은 소수

$$\begin{array}{r} 65.2 \\ \times\ 7.3 \\ \hline 475.96 \end{array} \qquad \begin{array}{r} 36.7 \\ \times\ 2.5 \\ \hline 91.75 \end{array}$$

〈풀이〉

$$\begin{array}{r} AB.C \\ \times\ \ D.E \\ \hline \end{array}$$

라고 할 때,

곱의 값이 가장 크려면 A와 D에 6과 7이 들어갑니다. 그런데 A보다는 B와도 곱해지는 D가 더 커야 하므로 A는 6, D는 7입니다. 다음으로 큰 자릿수인 B는 5입니다. 또한 A와 곱해지는 E가 C보다 커야 하므로 C는 2, E는 3일 때 곱의 값이 가장 큽니다.

따라서 65.2×7.3=475.96입니다.

곱의 값이 가장 작으려면 A와 D에 2와 3이 들어갑니다. 그런데 A보다는 B와도 곱해지는 D가 더 작아야 하므로 A는 3, D는 2입니다. 또한 A와 곱해지는 E가 작아야 하므로 E는 5입니다. 그후 작은 순서대로 채우면 B는 6, C는 7일 때 곱의 값이 가장 작습니다. 따라서 36.7×2.5=91.75입니다.

② 가장 큰 소수 / 가장 작은 소수

$$\begin{array}{r} 76.1 \\ \times\ 8.2 \\ \hline 624.02 \end{array} \qquad \begin{array}{r} 27.8 \\ \times\ 1.6 \\ \hline 44.48 \end{array}$$

②

① 가장 큰 소수 / 가장 작은 소수

가장 큰 소수	가장 작은 소수
32.0 × 4.1 = 131.2	23.4 × 0.1 = 2.34

$$\begin{array}{r} 32.0 \\ \times\ 4.1 \\ \hline 131.2 \end{array} \qquad \begin{array}{r} 23.4 \\ \times\ 0.1 \\ \hline 2.34 \end{array}$$

② 가장 큰 소수 / 가장 작은 소수

$$\begin{array}{r} 74.0 \\ \times\ 8.3 \\ \hline 614.2 \end{array} \qquad \begin{array}{r} 47.8 \\ \times\ 0.3 \\ \hline 14.34 \end{array}$$

44-45쪽
홀수와 짝수

①

① 있을 수 있다.
〈풀이〉 다음과 같은 경우이면 창의, 탐구, 창조 점수가 각각 1, 2, 3점이 됩니다.
- 탐구(승), 창의(패)
- 창조(승), 탐구(패)
- 창조(무), 창의(무)

② 불가능하다.
〈풀이〉 한 번의 가위바위보에서 두 사람이 얻을 수 있는 점수의 합은 항상 2점입니다. 그러므로 세 사람이 얻은 점수의 총합은 항상 짝수이어야 합니다. 1, 2, 2의 합은 5로 홀수가 되므로 불가능합니다.

③ 불가능하다.
〈풀이〉 81+83+85는 홀수이므로 불가능합니다.

생각 열기

한 번의 가위바위보에서 얻을 수 있는 두 사람의 점수의 합은 얼마일까?

② 〈예시 답〉 한 경기를 할 때 두 팀이 시합하므로 각 팀의 경기 수를 모두 더하면 짝수 번이다. 짝수 번 시합한 팀들의 경기 수를 모두 더하면 항상 짝수이므로 홀수 번 시합한 팀들의 경기 수를 모두 더했을 때 짝수가 되어야 한다. 홀수를 홀수 번 더하면 홀수가 되므로 짝수가 되기 위해서는 홀수를 짝수 번 더해야 한다.
따라서 홀수 번 시합한 팀은 항상 짝수 개이다.

③ 짝수 번 악수한 사람이 반드시 있다.
〈풀이〉 악수는 2명이 한다. 따라서 각 사람의 악수를 한 횟수를 모두 더하면 짝수이다. 홀수 번 악수를 한 사람은 짝수 명이어야 하므로 35명 중에서 적어도 한 명은 홀수 번 악수를 하지 않았다.

46-47쪽
반사수

①

① 3회
〈풀이〉
94 : 49 → 94−49=45……(1회 시행)
45 : 54 → 54−45=9……(2회 시행)
9 : 9 → 9−9=0……(3회 시행)

❷ 4회

〈풀이〉

58 : 85 → 85−58=27……(1회 시행)

27 : 72 → 72−27=45……(2회 시행)

45 : 54 → 54−45=9 ……(3회 시행)

9 : 9 → 9−9=0……(4회 시행)

❸ 9의 배수이다.

❹ 6회

〈풀이〉 다음과 같이 두 자리 수 중 시행 횟수가 가장 많은 수들은 십의 자리와 일의 자릿수의 차가 2인 수와 9인 수들로 시행 횟수는 6회입니다.

- 십의 자릿수와 일의 자릿수의 차 = 0
  11, 22, 33, 44, …… → 0 (1회 시행)
- 십의 자릿수와 일의 자릿수의 차 = 1
  10, 12, 21, 23, 32, …… → 9 → 0 (2회 시행)
- 십의 자릿수와 일의 자릿수의 차 = 2
  13, 20, 24, 31, 42, …… → 18 → 63 → 27 → 45 → 9 → 0 (6회 시행)
- 십의 자릿수와 일의 자릿수의 차 = 3
  14, 25, 30, 36, 41, …… → 27 → 45 → 9 → 0 (4회 시행)
- 십의 자릿수와 일의 자릿수의 차 = 4
  15, 26, 37, 40, 48, …… → 36 → 27 → 45 → 9 → 0 (5회 시행)
- 십의 자릿수와 일의 자릿수의 차 = 5
  16, 27, 38, 49, 50, …… → 45 → 9 → 0 (3회 시행)
- 십의 자릿수와 일의 자릿수의 차 = 6
  17, 28, 39, 60, 71, …… → 54 → 9 → 0 (3회 시행)
- 십의 자릿수와 일의 자릿수의 차 = 7
  18, 29, 70, 81, 92 → 63 → 27 → 45 → 9 → 0 (5회 시행)
- 십의 자릿수와 일의 자릿수의 차 = 8
  19, 80, 91 → 72 → 45 → 9 → 0 (4회 시행)
- 십의 자릿수와 일의 자릿수의 차 = 9
  90 → 81 → 63 → 27 → 45 → 9 → 0 (6회 시행)

결국, 두 자리 수에서 십의 자릿수와 일의 자릿수의 차에 의해 시행 횟수가 결정됩니다.

②

❶ 635 : 2회, 774 : 4회

〈풀이〉

- 635인 경우
  635 : 536 → 635−536=99……(1회 시행)
  99 : 99 → 99−99=0……(2회 시행)
- 774인 경우
  774 : 477 → 774−477=297……(1회 시행)
  297 : 792 → 792−297=495……(2회 시행)
  495 : 594 → 594−495=99……(3회 시행)
  99 : 99 → 99−99=0……(4회 시행)

❷ 9의 배수

〈풀이〉 십의 자릿수는 항상 9이며, 백의 자릿수와 일의 자릿수의 합은 항상 9입니다.

③ 6회

〈풀이〉 백의 자릿수와 일의 자릿수의 차가 2 또는 9인 수가 6회 시행으로 시행 횟수가 가장 많습니다. 이 수들은 시행 횟수가 6회인 두 자릿수에서 가운데에 0~9의 숫자를 넣어 만들면 되므로 두 자릿수의 개수의 정확히 10배가 됩니다.

예 13 → 103, 113, 123, 133, 143, 153, 163, 173, 183, 193(10개)

48쪽

최후에 도달하는 숫자

① 10번째 : 0, 2003번째 : 9

〈풀이〉 0 → 3 → 6 → 9 → 2 → 5 → 8 → 1 → 4 → 7 → 0이므로 10번째 도달하는 숫자는 0입니다. 10번째마다 다시 0으로 되돌아오므로 2000번째는 0으로 도달하게 됩니다. 따라서 2003번째는 3번째 도달하는 숫자와 같으므로 9입니다.

② 2003번째 : 1

〈풀이〉 0 → 7 → 4 → 1 → 8 → 5 → 2 → 9 → 6 → 3 → 0

10번째마다 다시 0으로 되돌아오므로 2003번째 도달하는 숫자는 1이 됩니다.

49쪽

가장 긴 단계가 나오는 수

① 5

- 1…(0단계)
- 2 → 1…(1단계)
- 3 → 4 → 2 → 1……(3단계)
- 4 → 2 → 1……(2단계)
- 5 → 6 → 3 → 4 → 2 → 1……(5단계)

② 9

〈풀이〉

- 6 → 3 → 4 → 2 → 1……(4단계)
- 7 → 8 → 4 → 2 → 1……(4단계)
- 8 → 4 → 2 → 1……(3단계)
- 9 → 10 → 5 → 6 → 3 → 4 → 2 → 1……(7단계)
- 10 → 5 → 6 → 3 → 4 → 2 → 1……(6단계)

생각 열기

- 짝수와 홀수 중에 단계 수가 더 많은 것은 무엇이니?

②를 통해 짝수보다는 홀수가 단계 수가 더 많다는 사실을 알 수 있습니다. 왜냐하면 어떤 짝수 A의 단계 수가 x라고 하면, A보다 1 작은 홀수의 단계 수는 항상 $x+1$이기 때문입니다.

③

단계 수	1	2	3	4	5	6	7	8	9	10
최소의 자연수	2	4	3	6	5	10	9	18	17	34

〈풀이〉 각 단계 수를 만족하는 가장 작은 자연수 사이에서 규칙성이 무엇인지 찾습니다. 이 수들을 나열해 보면 다음과 같은 규칙이 성립합니다.

2 → 4 → 3 → 6 → 5 → 10 → 9

(×2) (−1) (×2) (−1) (×2) (−1)

즉, (×2)와 (−1)이 번갈아 가면서 적용됩니다. 따라서 8단계 수는 18, 9단계 수는 17, 10단계 수는 34입니다.

50−51쪽
전체 구하기

❶

① 1000명

〈풀이〉 이번에 합격한 학생 수를 x명이라고 하면, (전체 학생 수)$=x+x\times7+x\times\frac{1}{2}+x\times\frac{1}{3}+x\times\frac{1}{6}+1=9\times x+1$(명)입니다.
이때, 이번에 합격한 학생이 10명이라면 전체 학생 수가 909명 적게 되므로 (전체 학생 수)$=9\times10+1+909=1000$(명)입니다.
또는, 이번에 합격한 학생이 100명이라면 전체 학생 수가 99명 모자라게 되므로 (전체 학생 수)$=9\times100+1+99=1000$(명)임을 알 수 있습니다.

② 111명

〈풀이〉 $9\times x+1=1000$이므로 $x=111$(명)

생각 열기

- 와이즈만 대학교의 수학과 전체 학생 수를 구하기 위해 주어진 조건은 무엇이지?
- 이번에 합격한 학생 수를 구하기 위해 주어진 조건은 무엇이지?

❷

① $\frac{1}{7}$

〈풀이〉

- 조건1 : 신문 기사에서 쓰인 분수는 $\frac{1}{3}$, $\frac{1}{4}$, $\frac{1}{5}$, $\frac{1}{7}$, $\frac{1}{9}$입니다. 그러므로 남은 새들은 수는 3, 4, 5, 7, 9의 공배수임을 알 수 있습니다.
- 조건2 : 400마리의 새들 중 200마리 이상이 날아갔으므로 남은 새의 마릿수는 200마리 미만입니다.
  따라서 잘못 쓰인 분수를 찾으려면 3, 4, 5, 7, 9 중 한 수를 제외한 공배수가 200미만인 경우를 찾으면 됩니다.
- $\frac{1}{9}$이 잘못 쓰인 분수라고 가정
  3, 4, 5, 7의 최소공배수가 420이므로 200미만의 수가 아닙니다.
- $\frac{1}{5}$이 잘못 쓰인 분수라고 가정
  3, 4, 7, 9의 최소공배수가 252이므로 200미만의 수가 아닙니다.
- $\frac{1}{4}$이 잘못 쓰인 분수라고 가정
  3, 5, 7, 9의 최소공배수가 315이므로 200미만의 수가 아닙니다.
- $\frac{1}{3}$이 잘못 쓰인 분수라고 가정
  4, 5, 7, 9의 최소공배수가 1260이므로 200미만의 수가 아닙니다.
- $\frac{1}{7}$이 잘못 쓰인 분수라고 가정
  3, 4, 5, 9의 최소공배수가 180이므로 200미만의 수입니다.
  따라서 잘못 쓰인 분수는 $\frac{1}{7}$입니다.

② 220마리

〈풀이〉 남은 새는 3, 4, 5, 9의 최소공배수인 180마리이므로 날아간 새는 $400-180=220$(마리)입니다.

54–57쪽
원주에 관한 문제

① 6.28m

〈풀이〉 선 간의 간격이 1m이므로 탐구의 트랙의 반지름의 길이는 51m이고 창의의 트랙의 반지름의 길이는 50m이므로 탐구는 $(51\times2\times3.14)-(50\times2\times3.14)=6.28(m)$ 더 돌아야 합니다.

② 6.28m

〈풀이〉 탐구는 $(101\times2\times3.14)-(100\times2\times3.14)=6.28(m)$ 더 돌아야 합니다.

③ 12.56m

〈풀이〉 반지름이 2m 차이가 나므로 지름은 4m 차이가 납니다. 따라서 탐구는 창의보다 $3.14\times4=12.56(m)$를 더 돌아야 합니다.

④ 3.14m

〈풀이〉 안쪽 선과 바깥쪽 선 사이의 간격은 두 원의 반지름의 차이이므로 지름은 1m씩 늘어나는 상황이 됩니다. 따라서 바깥쪽 원의 둘레는 3.14m씩 늘어납니다.

⑤ 1.59m

〈풀이〉 늘어난 지름의 길이를 x라고 한 뒤, 다음과 같이 비례식 또는 방정식을 세워 해결합니다.

- 비례식 $1 : 3.14=x : 10$
- 방정식 : $3.14\times x=10$

방정식으로 계산하면
$x=10\div3.14=3.184\cdots\cdots$이므로 소수 셋째 자리에서 반올림해 3.18m입니다.
따라서 두 원의 간격은 약
$3.18\div2=1.59(m)$가 되어야 합니다.

① ② = ③ < ①

〈풀이〉 끈의 형태가 직선인 부분과 곡선인 부분으로 나누어 계산하면 쉽게 계산할 수 있습니다.
우선 ①은 아래 그림과 같이 나눌 수 있습니다.

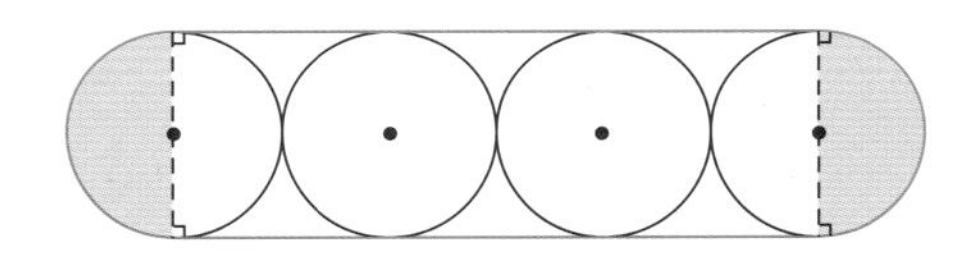

따라서 직선 부분은 지름의 6배, 곡선 부분은 원 1개의 둘레에 해당하므로 전체 끈의 길이는 $6\times7+7\times3.14=63.98$입니다.
한편, ②와 ③은 아래와 같이 나누어집니다.

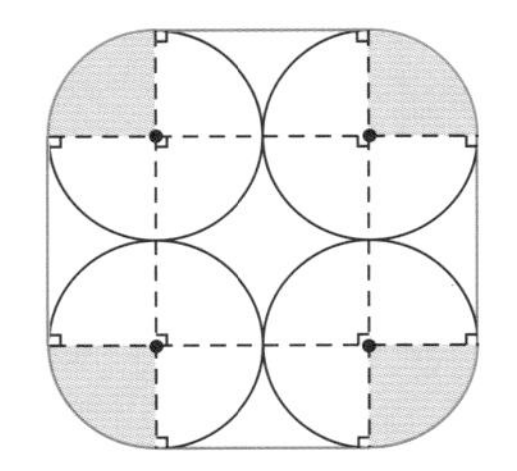

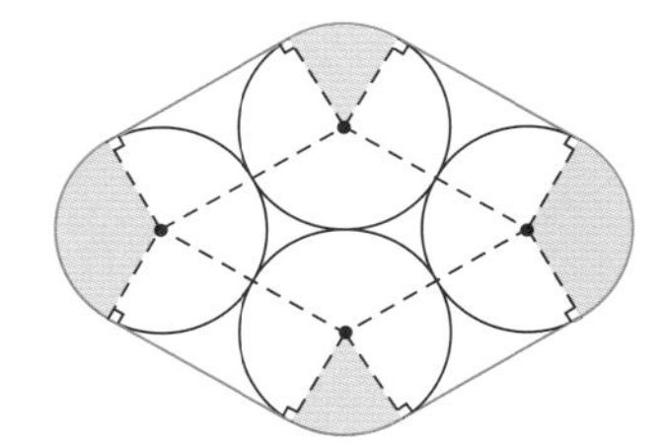

따라서 직선 부분은 지름의 4배, 곡선 부분은 호의 중심각의 합이 사각형의 외각의 합과 같으므로 원 1개의 둘레에 해당합니다. 따라서 전체 끈의 길이는 $4\times7+7\times3.14=49.98$입니다.

❸

① 1.57배

〈풀이〉 호숫가 반지름이 r인 원이라 하면 강아지가 헤엄쳐 가는 길이 원의 지름이므로 2r, 사자는 반원 모양인 부채꼴의 호를 따라가므로 길이는 $3.14\times r$입니다.

사자는 강아지보다 더 먼 거리를 달려가야 하므로 속력이 더 빨라야 강아지를 잡을 수 있습니다.

따라서 사자는 강아지보다 $\frac{3.14}{2}$배 먼 거리를 가야 하므로 속력이 $\frac{3.14}{2}(=1.57)$배 빨라야 합니다.

② 〈예시 답〉 강아지는 호수에 뛰어들자마자 호수의 중심 O를 향해 헤엄친다. 중심 O에 이른 후 사자의 위치를 보고 사자의 위치와 중심 O의 연장선의 방향으로(사자 있는 쪽 반대 방향으로) 헤엄을 치면, 강아지가 헤엄친 거리는 여전히 2r이지만 사자가 달려야 할 거리는 총 $2.5r+3.14r$ 이므로 강아지가 헤엄친 거리보다 약 $\frac{5.64}{2}=2.8$배 멀다. 따라서 강아지는 살 수 있다.

〈풀이〉

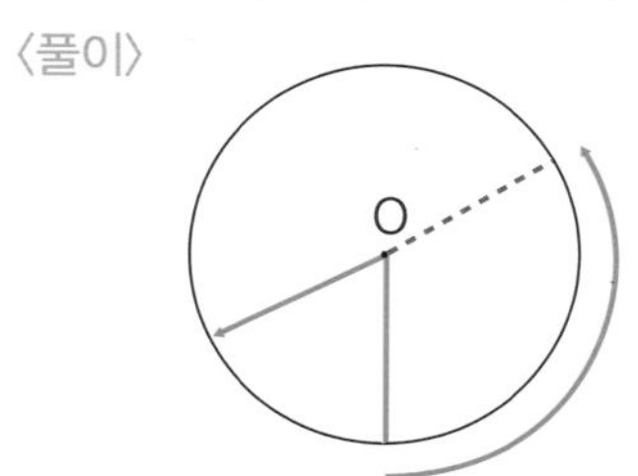

강아지가 호수에 뛰어 들자마자 지름을 따라 곧게 앞으로 헤엄쳐 가고 사자는 반원주를 따라 달린다면, 반원주는 지름의 $\frac{3.14}{2}$배인데 사자의 속력이 2.5배이므로 강아지는 사자에게 붙잡히게 됩니다. 그러므로 중심에서 사자의 위치와 다른 방향으로 달리면 살 수 있습니다. 이 문제는 열린 문제로 여러 가지 답이 나올 수 있습니다.

58-59쪽

넓이 구하기

① $25.12cm^2$

〈풀이〉

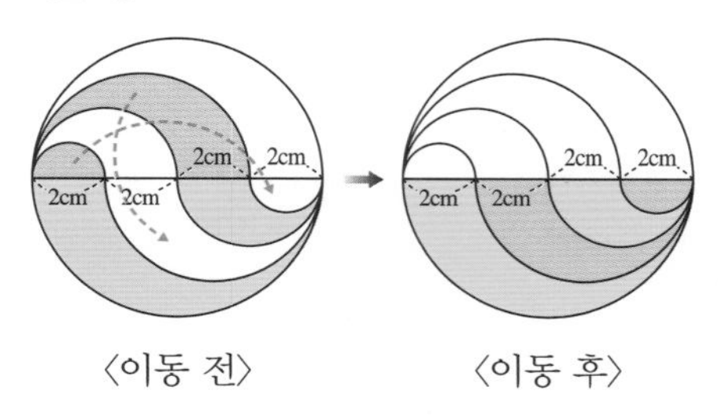

〈이동 전〉 〈이동 후〉

색칠된 부분의 넓이와 반원의 넓이가 같습니다.

따라서 색칠된 부분의 넓이는

$=4\times4\times3.14\div2$

$=25.12(cm^2)$입니다.

② $12.56cm^2$

〈풀이〉

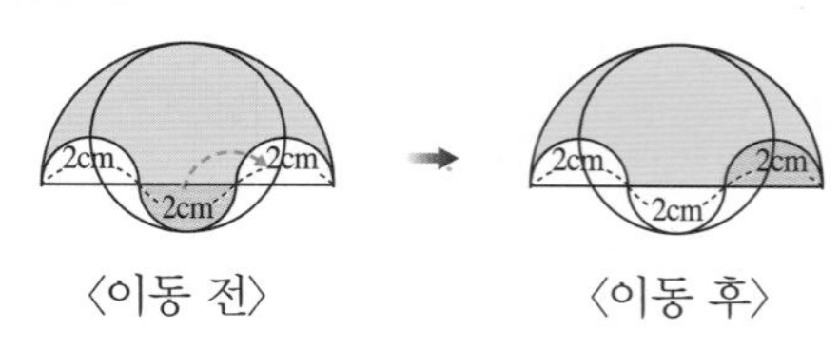

〈이동 전〉 〈이동 후〉

색칠된 부분의 넓이

=큰 반원의 넓이−작은 반원의 넓이

$=3\times3\times3.14\div2-1\times1\times3.14\div2$
$=12.56(cm^2)$

③ $11.7cm^2$

〈풀이〉

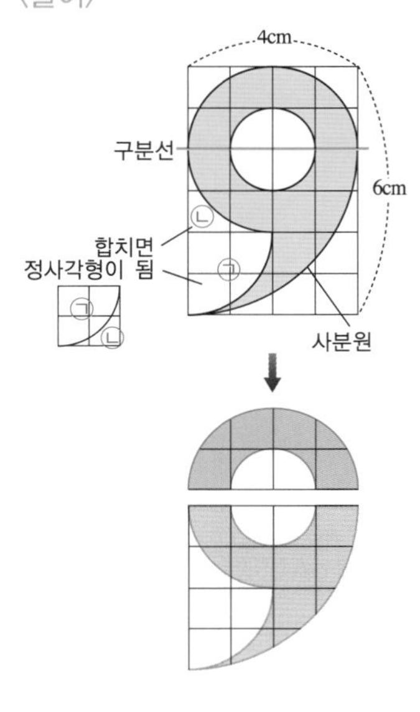

색칠된 부분의 넓이= 초록색 부분의 넓이+ 주황색 부분의 넓이

- 초록색 부분의 넓이
  =반지름이 2cm인 반원−반지름이 1cm인 반원$=2\times2\times3.14\div2-1\times1\times3.14\div2$
  $=4.71(cm^2)$
- 주황색 부분의 넓이
  =반지름이 4cm인 사분원−(반지름이 1cm인 반원+한 변이 2cm인 정사각형)
  $=4\times4\times3.14\div4-(1\times1\times3.14\div2+2\times2)$
  $=10.99-4=6.99(cm^2)$

따라서 색칠된 부분의 넓이는 $4.71+6.99=11.7(cm^2)$입니다.

④ $16.26cm^2$

〈풀이〉

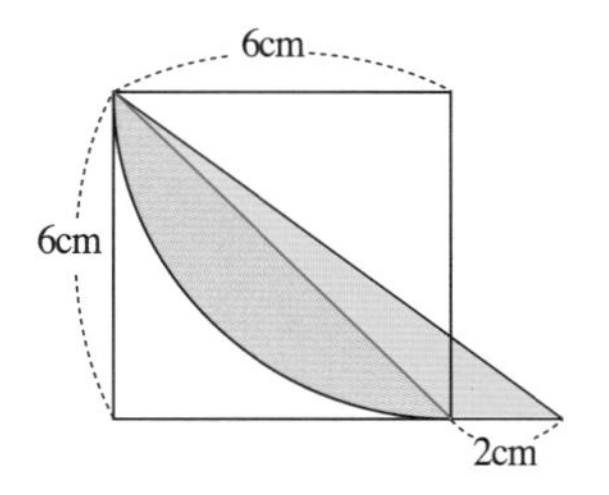

색칠된 부분의 넓이=보라색 활꼴의 넓이+ 둔각삼각형의 넓이

- 활꼴의 넓이
  =반지름이 6cm인 사분원−밑변과 높이가 6cm인 직각이등변삼각형
  $=6\times6\times3.14\div4-6\times6\div2$
  $=28.26-18=10.26(cm^2)$
- 둔각삼각형의 넓이$=2\times6\div2=6(cm^2)$
  따라서 색칠된 부분의 넓이는
  $10.26+6=16.26(cm^2)$입니다.

60-63쪽

원에 관한 여러 가지 문제

① $48cm^2$

〈풀이〉 직육면체 모양으로 쌓은 카드를 한 쪽 방향으로 적당히 밀면 문제와 같은 초승달 모양이 만들어집니다. 초승달 모양은 직육면체의 넓이와 같으므로 넓이를 쉽게 구할 수 있습니다.

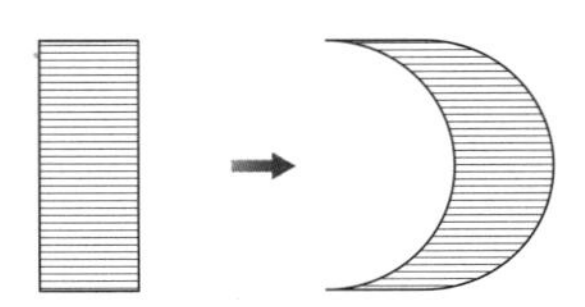

〈다른 풀이〉 그림과 같이 생긴 도형을 오른쪽 방향으로 4cm 평행 이동시킨다고

생각하면 문제의 색칠된 부분이 나타납니다. 이동을 통해 잃은 부분의 넓이는 직사각형 ABB'A'이고, 얻은 부분은 초승달 모양의 넓이가 됩니다. 두 부분의 넓이는 같으므로 초승달 모양의 넓이는 $48cm^2$입니다.

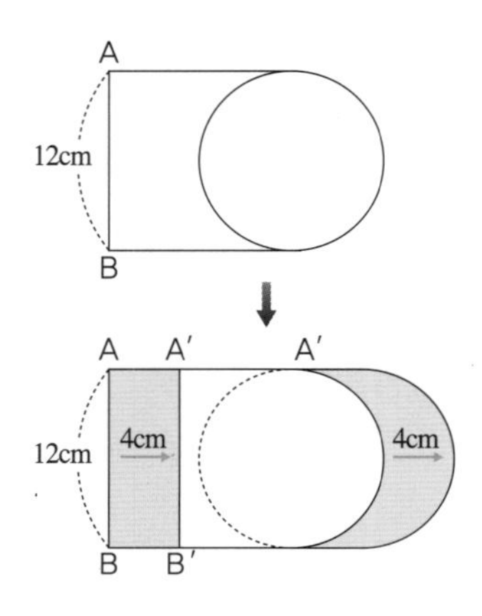

② $1.72cm^2$

〈풀이〉

형광 페인트가 칠해지는 부분은 다음 그림과 같습니다.

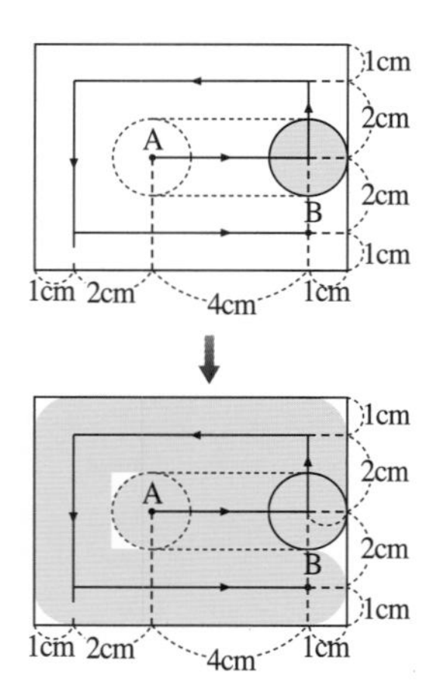

형광 페인트가 칠해지지 않은 부분은 정사각형과 내접하는 원 사이에서 생기는 모양 2개이므로 다음과 같이 구할 수 있습니다.

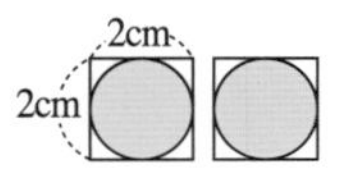

형광 페인트가 칠해지지 않은 부분의 넓이

=(한 변이 2cm인 정사각형의 넓이−반지름이 1cm인 원의 넓이)×2

$=(2\times2-1\times1\times3.14)\times2=1.72(cm^2)$

③ 라지 1판을 주문하는 게 더 이득이다.

〈풀이〉

• 레귤러 피자 1판의 넓이

$\frac{23}{2}\times\frac{23}{2}\times3.14=\frac{529}{4}\times3.14=415.265(cm^2)$

• 라지 피자 1판의 넓이

$\frac{33}{2}\times\frac{33}{2}\times3.14=\frac{1089}{4}\times3.14=854.865(cm^2)$

따라서 레귤러 2판의 넓이는 $830.53cm^2$이므로 1판의 넓이가 $854.865cm^2$인 라지 1판을 주문하는 게 더 이득입니다.

④ 11775cm

〈풀이〉 두루마리 화장지를 바닥에 일직선으로 길게 풀어 놓은 뒤 앞에서 바라보면 아래와 같은 직사각형이 될 것입니다.

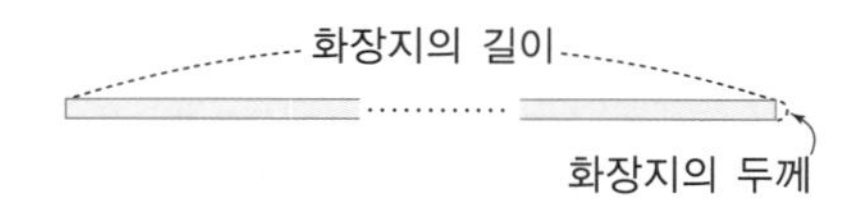

펼쳐서 본 직사각형의 단면과 화장지가 감겨 있는 상태에서 본 단면의 넓이는 단면의 넓이는 서로 같습니다.

화장지의 길이를 x라고 할 때, 다음과 같은 등식이 성립합니다.

$x\times0.02=10\times10\times3.14-5\times5\times3.14$

$x\times0.02=75\times3.14$

$x=75\times3.14\div0.02$

$x=11775$(cm)

64-65쪽
여러 가지 입체도형의 겉넓이

1. 178cm²

〈풀이〉 옆면에 있는 등변사다리꼴의 넓이는 $(3+7)\times6\times\frac{1}{2}=30(cm^2)$입니다. 밑면의 큰 정사각형과 작은 정사각형의 넓이는 각각 49cm², 9cm² 입니다. 따라서 전체 겉넓이는 $49+9+4\times30=178(cm^2)$입니다.

2. 108cm²

〈풀이〉

- 옆면의 전체 넓이$=8\times(3+4+5)=96(cm^2)$
- 두 밑면의 넓이$=3\times4\div2\times2=12(cm^2)$

따라서 전체 겉넓이는 $96+12=108(cm^2)$입니다.

3. 1200cm²

〈풀이〉 한 밑면은 이등변삼각형 네 개와 정사각형 하나로 이루어져 있습니다. 밑면의 넓이는 $4\times10\times12\times\frac{1}{2}+10\times10=340(cm^2)$이고, 옆면에 넓이가 같은 8개의 직사각형이 있는데 하나의 직사각형 넓이는 $5\times13=65(cm^2)$입니다. 따라서 전체 겉넓이는 $340\times2+65\times8=1200(cm^2)$입니다.

4.

① 207.24cm²

〈풀이〉 회전축을 중심으로 1회전해서 나온 입체도형의 전개도는 다음과 같습니다.

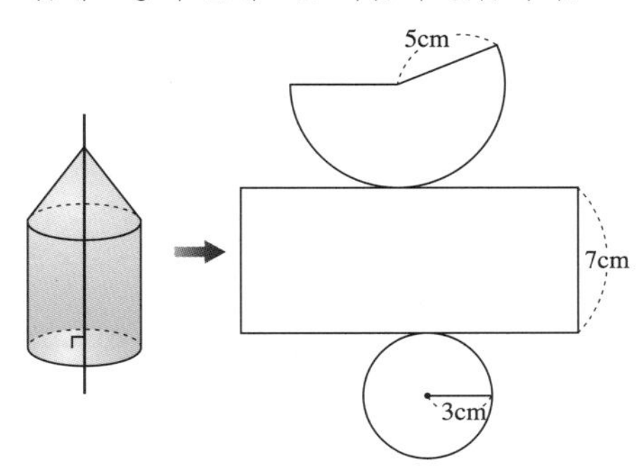

각각의 부분의 넓이를 따로따로 구하면 다음과 같습니다.

- 부채꼴의 넓이
$=5\times5\times3.14\times\frac{2\times3\times3.14}{2\times5\times3.14}=47.1(cm^2)$
- 직사각형의 넓이
$=7\times2\times3\times3.14=131.88(cm^2)$
- 원의 넓이$=3\times3\times3.14=28.26(cm^2)$

따라서 입체도형의 전체 겉넓이는 $47.1+131.88+28.26=207.24(cm^2)$입니다.

② 222.94cm²

〈풀이〉

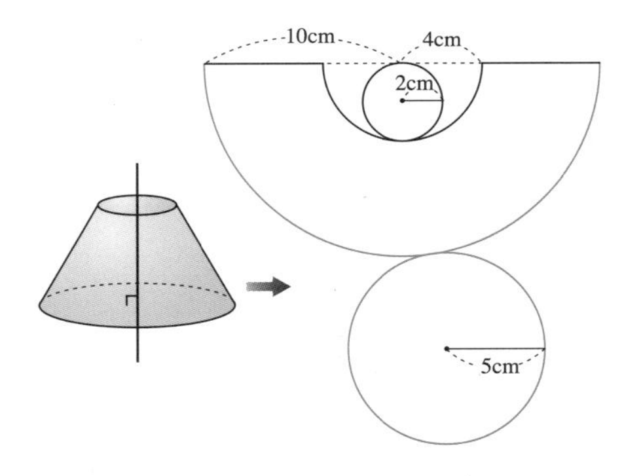

초록색 선 2개는 서로 길이가 같습니다. 따라서 부채꼴의 중심각의 크기를 구할 수 있습니다.

원주=부채꼴의 호의 길이

$5\times2\times3.14=10\times2\times3.14\times\frac{중심각의\ 크기}{360}$
중심각의 크기=180
따라서 부채꼴들은 반원입니다.
큰 반원에서 작은 반원을 뺀 넓이는
$10\times10\times3.14\times\frac{1}{2}-4\times4\times3.14\times\frac{1}{2}$
$=131.88(cm^2)$입니다.
작은 원과 큰 원의 넓이는
$2\times2\times3.14+5\times5\times3.14=91.06(cm^2)$이므로, 전체 겉넓이는 $222.94cm^2$입니다.

회전체 평면도형이 동일 평면 안에 있는 직선을 축으로 해 회전했을 때 생기는 입체를 말합니다.

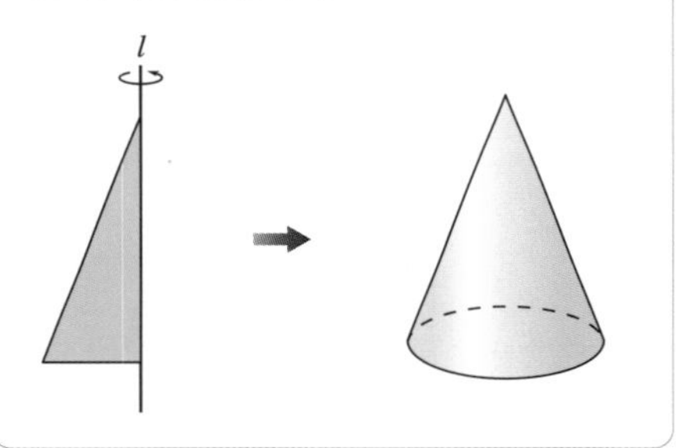

66-68쪽
겉넓이의 활용

1. 겉넓이가 $10cm^2$ 늘어난다.
〈풀이〉 원래 입체도형의 겉넓이는
$2\times(6\times5+5\times3+3\times6)=126(cm^2)$입니다.
구멍 하나를 뚫으면 아래위로 각각 겉넓이가 $1cm^2$만큼 줄어듭니다. 그리고 구멍 옆면에 4개의 면이 생기고 한 면의 넓이가 $3cm^2$이므로 $3\times4=12(cm^2)$가 늘어납니다.
따라서 1개의 구멍이 있을 때 겉넓이는
$126-2+12=136(cm^2)$입니다.

2. 2개 : $146cm^2$, 3개 : $156cm^2$
〈풀이〉 같은 방법으로 2개의 구멍이 있을 때의 겉넓이는 $136-2+12=146(cm^2)$입니다. 3개의 구멍이 있을 때의 겉넓이는
$146-2+12=156(cm^2)$입니다.

3. $954.56cm^2$
〈풀이〉 아래위로는 반지름이 6cm인 두 원의 넓이와 같고, 바깥쪽 옆면은 가로의 길이가 반지름 6cm인 원의 원주 $12\times3.14(cm)$이고 세로의 길이 12cm인 직사각형, 안쪽 옆면은 가로의 길이가 반지름 4cm인 원의 원주 $8\times3.14(cm)$이고 세로의 길이 11cm인 직사각형입니다. 따라서 전체 겉넓이는
$2\times6\times6\times3.14+12\times3.14\times12+8\times3.14\times11=954.56(cm^2)$입니다.

4.
① 3개의 상자를 만들 수 있다.
〈풀이〉 직사각형 모양 종이의 넓이는 $45\times35=1575(cm^2)$이고, 만들려는 정사각기둥 모양의 상자의 겉넓이는 $400cm^2$입니다.
상자의 겉넓이는 전개도의 넓이와 같으므로, 주어진 직사각형 모양 종이의 넓이를 정사각기둥 모양 상자의 겉넓이로 나누면 정사각기둥 모양이 몇 개 들어가는지 짐작할 수 있습니다.
$1575\div400=3\cdots375$
여기에서 3개의 상자를 만들 수 있는 전개도가 들어가는지 확인하니 아래와 같이 가능합니다.

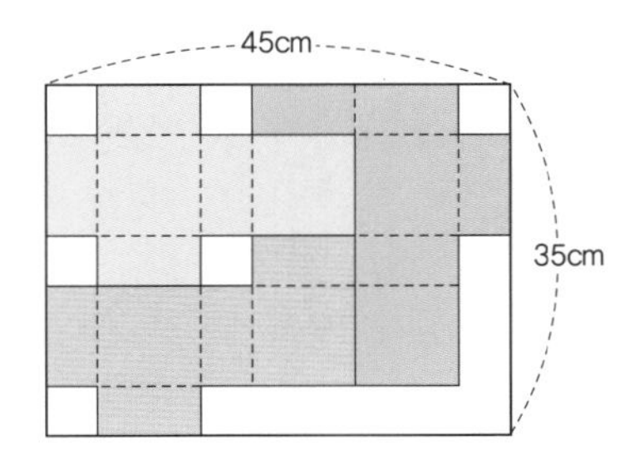

따라서 3개의 상자를 만들 수 있습니다.

② 4개의 상자를 만들 수 있다.

〈풀이〉 직사각형의 넓이는 $45\times45=2025$ (cm^2)이고, 상자 하나의 겉넓이는 $400cm^2$ 입니다.

$2025\div400=5\cdots25$

넓이 계산으로는 5개의 상자를 만들 수 있지만, 아래 그림과 같이 5개의 상자가 정사각형 모양 종이에 들어가지 못하므로 4개의 상자를 만들 수 있습니다.

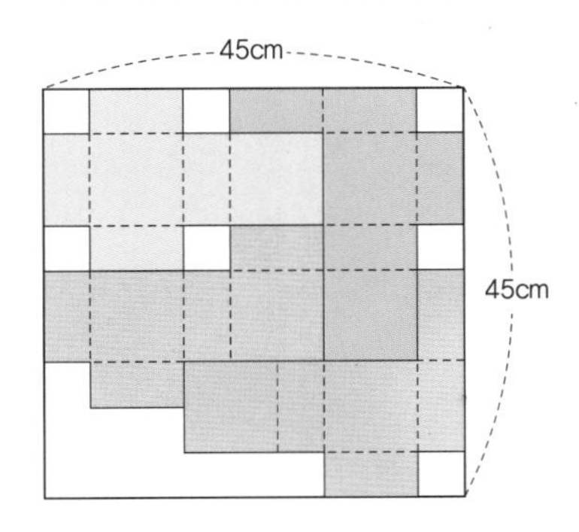

③ 4개의 상자를 만들 수 있다.

〈풀이〉 직사각형의 넓이는 $55\times35=1925$ (cm^2)이고, 상자 하나의 겉넓이는 $400cm^2$ 입니다.

$1925\div400=4\cdots325$

여기에서 4개의 상자를 만들 수 있는 전개도가 들어가는지 확인합니다.

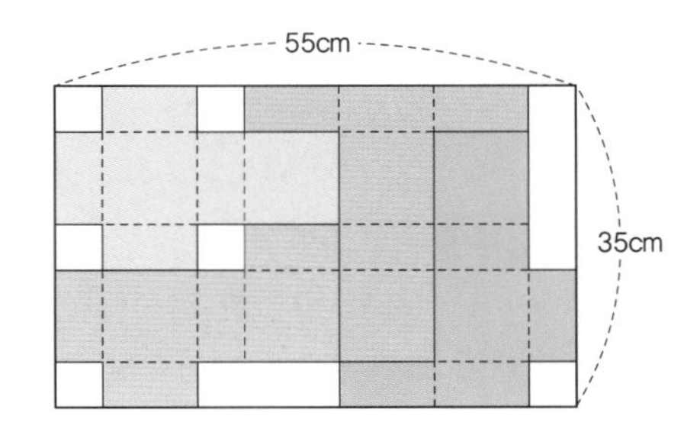

69쪽

부피의 이해

① 〈예시 답〉 사과가 수조에 들어가면 물이 있을 공간이 없어 사과의 부피만큼 물이 큰 수조로 넘쳐 흘러나온다. 따라서 눈금 실린더의 물의 부피와 사과의 부피는 같다.

② 〈예시 답〉 물체가 차지하는 공간

부피 어떤 물체가 공간 속에서 차지하는 크기를 말합니다. 단위는 cm^3을 사용하며, $1cm^3$는 가로, 세로, 높이가 각각 1cm인 정육면체의 부피를 뜻합니다. 하지만 액체의 부피(들이)는 cm^3 대신 흔히 리터(L)를 단위로 사용합니다. 1L는 $1000cm^3$이고, 1mL는 $1cm^3$와 같습니다.

70-71쪽

도형의 부피

① 20개, 바닥에 깔 수 있는 정육면체의 개수와 상자의 밑면 넓이는 같다.

〈풀이〉 직육면체의 부피를 구하기 위해 부피의 기본이 되는 도형인 가로, 세로, 높이의 길이가 1cm인 정육면체를 이용합니다. 단위 정육면체의 밑면의 넓이는 $1cm^2$이므로 주어진 기둥의 밑면의 넓이만큼 단위 정육면체를 바닥에 깔 수 있습니다. 따라서 주어진 사각기둥의 밑면 넓이는 $20cm^2$이므로 20개의 단위 정육면체를 바닥에 깔 수 있습니다.

② 3배

〈풀이〉 단위 정육면체의 높이는 1cm이므로 높이가 3cm인 상자를 가득 채우려면 바닥에 깔려 있는 단위 정육면체의 개수의 3배만큼 채워야 합니다.

③ $60cm^3$

〈풀이〉 상자의 부피는 $(5\times4)\times3=20\times3=60(cm^3)$입니다.

④ 직육면체의 부피=(밑면의 넓이)×(높이)

2 $3cm^3$

〈풀이〉

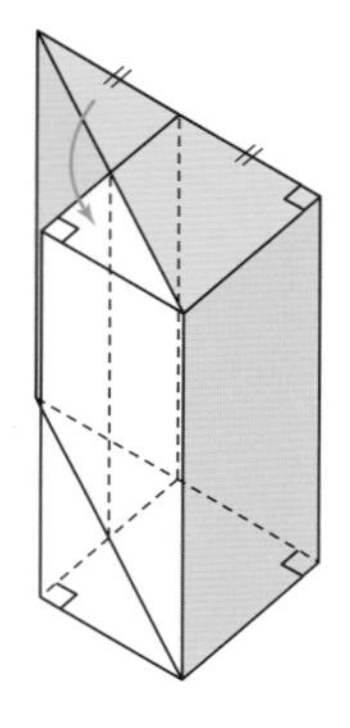

그림과 같이 삼각기둥을 잘라 내어 다시 결합하면 직육면체를 만들 수 있습니다. 만들어진 직육면체의 밑면의 넓이는 처음 삼각기둥의 밑면의 넓이와 같으므로 이 삼각기둥의 부피 역시 (밑면의 넓이×높이)로 구할 수 있습니다. 따라서 삼각기둥의 넓이는 $(2\times1\div2)\times3=3(cm^3)$입니다.

〈다른 풀이〉 삼각기둥 2개를 엇갈리게 붙여 직육면체의 부피를 구해 2로 나눕니다.

$1\times2\times3\div2=3(cm^3)$

3 $6.28cm^3$

〈풀이〉

밑면의 넓이가 $1\times1\times3.14=3.14(cm^2)$이므로 이 원기둥의 부피는 (밑면의 넓이)×(높이)$=3.14\times2=6.28(cm^3)$입니다.

72-73쪽

뿔의 부피

①

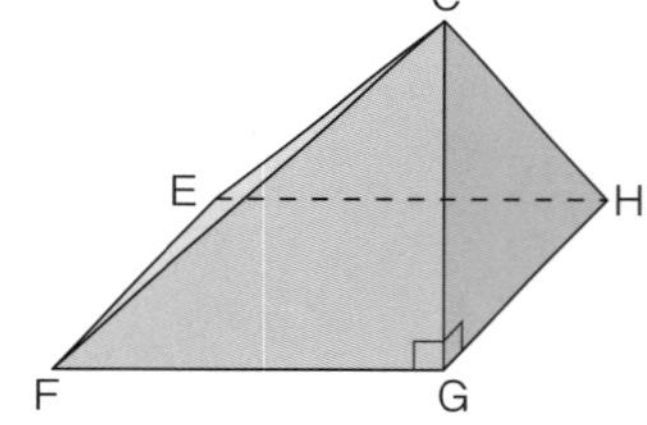

〈풀이〉 정육면체의 한 모서리의 길이를 a, 각 면의 대각선의 길이를 b, 공간 대각선의 길이를 c라고 하면 아래 그림과 같이 3개의 사각뿔로 나눌 수 있습니다.

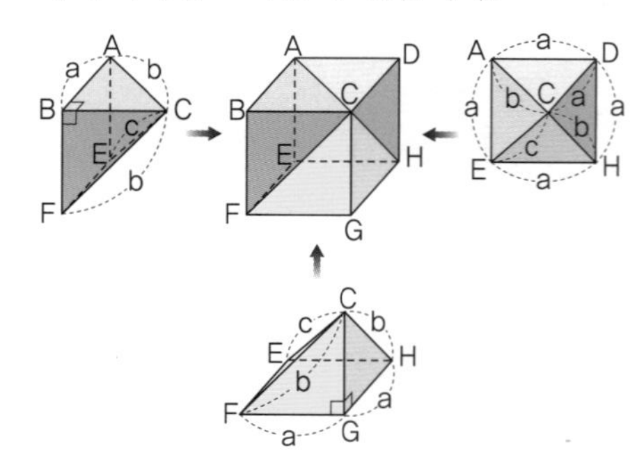

사각뿔들은 모두 정사각형 1개, 직각이등변삼각형 2개, 각 변을 a, b, c로 하는 삼각형 2개로 이루어져 있습니다. 따라서 세 사각뿔들은 정사각형 1개와 삼각형 4개로 이루어져 있으므로 모두 합동입니다.

② 같다.

〈풀이〉 정육면체의 한 면은 사각뿔의 밑면이고, 정육면체의 한 모서리의 길이는 사각뿔의 높이이므로 사각뿔의 밑면과 높이는 정육면체의 밑면과 높이와 같습니다.

③ 사각뿔의 부피=$(\frac{1}{3})\times$밑면의 넓이$\times$높이

74-75쪽
부피의 새로운 이해

❶ $80cm^3$

〈풀이〉 $5\times8\times2=80(cm^3)$

❷ $80cm^3$

〈풀이〉 입체의 모양이 달라져도 부피는 변하지 않습니다. ❶의 카드를 옆으로 비스듬히 밀어 ❷의 모양이 되어도 부피는 변함이 없습니다.

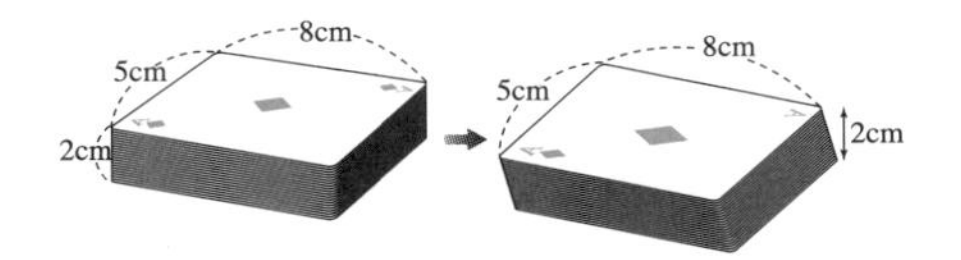

따라서 입체의 부피는 $5\times8\times2=80(cm)$입니다.

❸ $800cm^3$

〈풀이〉

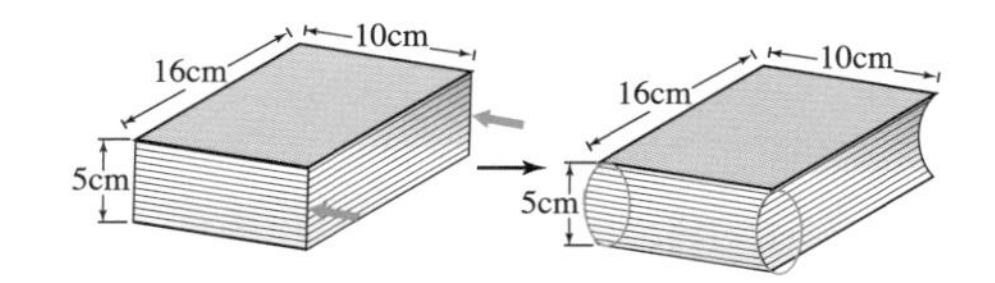

직육면체 모양의 카드를 그림과 같이 오른쪽 면 중앙에서 비스듬히 왼쪽 방향으로 규칙적인 힘으로 밀면 책과 같은 모양을 만들 수 있습니다. 책의 부피는 처음 직육면체의 부피와 같으므로

$10\times16\times5=800(cm^3)$입니다.

❹ $339.12cm^3$

〈풀이〉 주어진 입체를 동전의 경우로 바꾸어 생각해 볼 수 있습니다. 반지름이 3cm인 동전을 12cm 높이의 원기둥 모양으로 쌓은 뒤 아래 그림과 같이 힘을 가하면 주어진 도형과 같은 형태로 바꿀 수 있습니다.

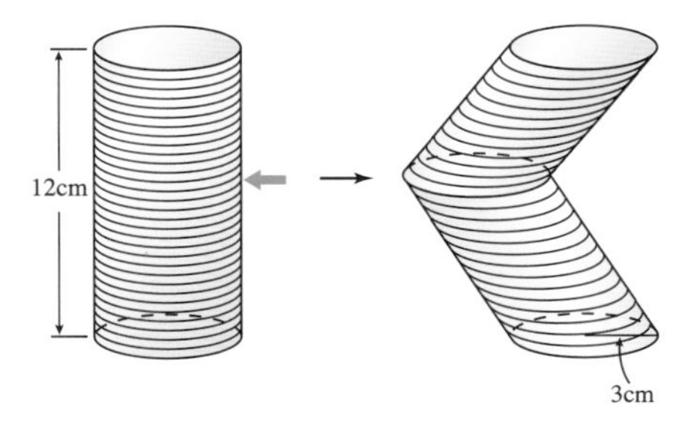

따라서 주어진 도형의 부피는 높이가 12cm인 원기둥의 부피와 같으므로,

$3\times3\times3.14\times12=339.12(cm^3)$입니다.

76-81쪽
부피의 활용

❶ 20cm³

〈풀이〉 모서리의 길이가 1cm인 정육면체 조각으로 나누면 다음과 같습니다.

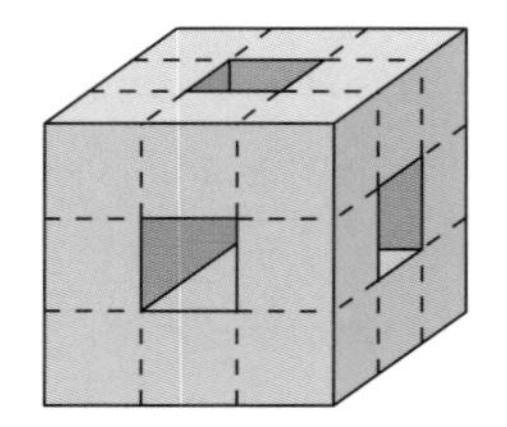

층별로 위에서 본 모양을 그려 보면

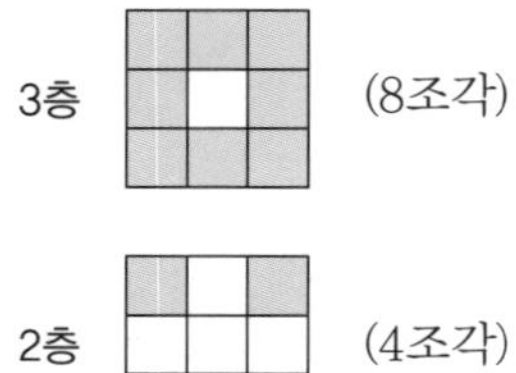

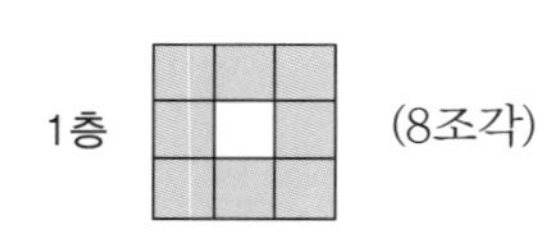

이므로 $(1\times1\times1)\times(20\text{조각})=20(\text{cm}^3)$입니다.

❷ 17cm

〈풀이〉 주어진 물통의 부피는 $10\times12\times20=2400(\text{cm}^3)$이며, 현재 물통에 담겨 있는 물의 양은 $10\times12\times19=2280(\text{cm}^3)$입니다. 여기에 밑면의 넓이가 18cm²인 삼각기둥을 물통에 수직으로 세우면 물에 잠겨 있는 삼각기둥의 부피만큼 물의 높이가 올라가게 됩니다. 그런데 삼각기둥은 바닥에서부터 20cm 이상인 부분은 물에 잠길 수 없으므로 물에 잠긴 부분의 부피는 $3\times6\times20=360(\text{cm}^3)$입니다.

따라서 물의 높이는 120cm³당 1cm 올라가므로 $360\div120=3(\text{cm})$가 올라가야 합니다. 하지만 물통의 빈 공간은 1cm 즉 120cm³밖에 없으므로, 2cm에 해당하는 240cm³의 물은 물통 밖으로 넘칠 수밖에 없습니다.

따라서 삼각기둥을 넣었다 빼면 물의 높이는 처음보다 2cm 낮아집니다.

〈다른 풀이〉

- 물의 부피$=10\times12\times19=2280(\text{cm}^3)$
- 삼각기둥을 넣었을 때 물의 부피 $=(10\times12-6\times6\div2)\times20=2040(\text{cm}^3)$

즉, $2280-2040=240(\text{cm}^3)$의 물이 넘치게 됩니다.

기둥을 빼내어도 $2040(\text{cm}^3)$의 물이 남게 되므로 높이는

$2040\div(10\times12)=17(\text{cm})$이 됩니다.

❸

① 169.56cm³

〈풀이〉 물이 채워진 부분의 모양은 원기둥 모양입니다. 따라서 부피는

$3\times3\times3.14\times6=169.56(\text{cm}^3)$입니다.

② 〈예시 답〉 병을 거꾸로 세우면 물이 채워지지 않은 부분의 모양은 원기둥이 되므로 부피를 구할 수 있다.

③ (원기둥), 113.04cm³

〈풀이〉 밑면의 반지름이 3cm, 높이가 4cm이므로 부피는 $3\times3\times3.14\times4$
$=113.04(\text{cm}^3)$입니다.

④ 282.6cm^3

〈풀이〉 병의 부피는 물의 채워진 부분과 빈 부분의 부피를 합한 값이므로

$169.56+113.04=282.6(\text{cm}^3)$입니다.

4

① A지점에 내린 강우량이 B지점의 강우량보다 3배 많다.

〈풀이〉 고인 물의 형태는 A지점이 원기둥, B지점이 원뿔입니다. 그런데 수면의 넓이와 높이가 같으므로 부피는 원기둥이 원뿔보다 3배가 많습니다.

② 4배

〈풀이〉 수면의 반지름을 1이라고 하면, 원기둥의 입구 또한 반지름이 1인 원이 됩니다. 하지만 원뿔의 입구는 수면보다 높이가 2배이므로 반지름도 2배가 되어 2가 됩니다. 따라서 두 입구의 넓이는 원뿔 모양의 측우기가 원기둥 모양의 측우기보다 4배 큽니다.

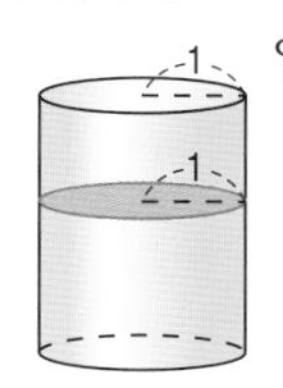

입구의 넓이 : $1\times1\times3.14$

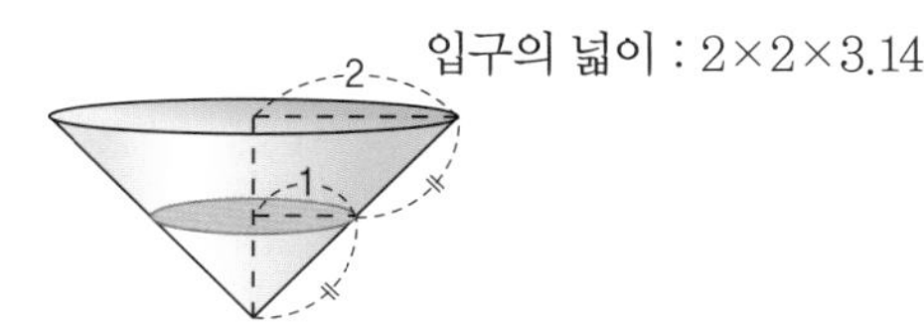

입구의 넓이 : $2\times2\times3.14$

③ B지점의 원뿔 모양의 측우기가 4배 많이 받을 수 있다.

〈풀이〉 받을 수 있는 비의 양은 입구의 넓이에 비례하므로 같은 지점에 있다면 B지점의 원뿔 모양 측우기가 A지점의 원기둥 모양 측우기보다 4배 많은 양을 받을 수 있습니다.

④ $\frac{1}{12}$배

〈풀이〉 다음 그림과 같이 B지점에서 빗물을 받은 면적은 A지점의 4배이나 받은 물의 부피는 $\frac{1}{3}$입니다. 따라서 B지점의 강우량은 A지점의 $\frac{1}{3}\times\frac{1}{4}\times=\frac{1}{12}$(배)입니다.

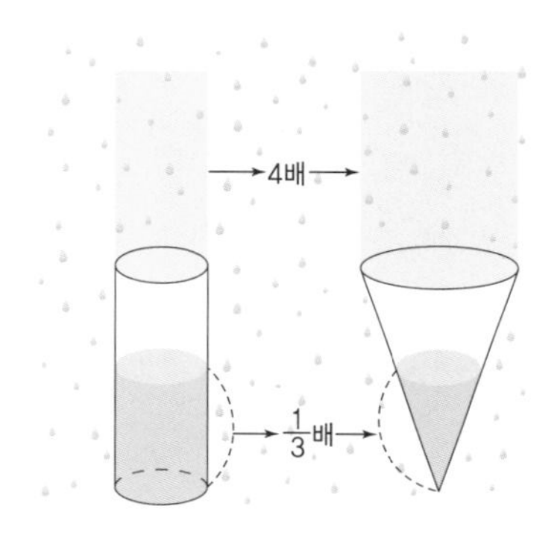

정답과 풀이

확률과 통계 >>>

84-85쪽
화단 꾸미기

〈예시 답〉

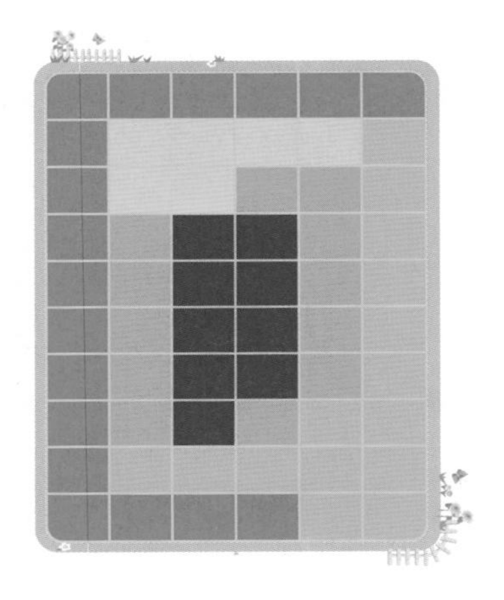

〈풀이〉 전체 꽃송이와 각 꽃의 백분율을 계산하여 각각의 꽃의 개수를 구하도록 합니다. 화단의 전체 칸 수는 60칸입니다.

- 장미 : $60 \times 0.3 = 18$(칸)
- 해바라기 : $60 \times 0.1 = 6$(칸)
- 튤립 : $60 \times 0.25 = 15$(칸)
- 백합 : $60 \times 0.2 = 12$(칸)
- 나팔꽃 : $60 \times 0.15 = 9$(칸)

모양에 관계없이 색칠된 칸 수가 맞으면 됩니다.

개념 확인

백분율 기준량을 100으로 할 때의 비율을 백분율이라 하는데, 기호는 %를 쓰고 '퍼센트'라고 읽습니다. 이 기호는 '100에 대하여'라는 뜻의 이탈리아어 per cento의 약자인 P cento에서 왔습니다. $\frac{1}{100}$이 1%이고, $\frac{85}{100}$는 85%에 해당합니다.

비율을 백분율로 나타내는 방법

비의 값=백분율

86-87쪽
비율로 보는 세상

❶

① 20명

〈풀이〉 학생들의 이름을 모두 세어 봅니다.

② 초록, 30%

〈풀이〉 초록색을 선택한 학생은 모두 6명으로 전체 20명 중에 30%를 차지합니다.

$6 \div 20 \times 100 = 30(\%)$

③ 5%

〈풀이〉 검정색을 선택한 학생은 1명으로 전체 20명 중에 5%를 차지합니다.

$1 \div 20 \times 100 = 5(\%)$

④ 분홍, 파랑

〈풀이〉 20명의 10%는 $20 \times \frac{10}{100} = 2$(명)으로 분홍과 파랑입니다.

❷

색깔	빨강	분홍	노랑	주황	초록	파랑	보라	검정
백분율(%)	0	10	20	25	30	10	0	5

❸

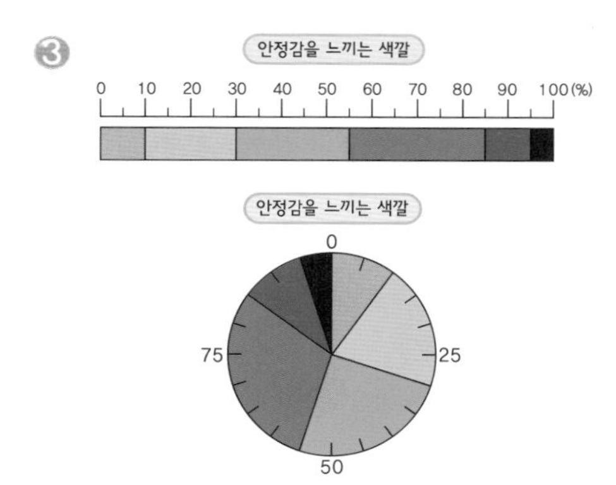

88-89쪽

신문 기사 속의 비율그래프

① [104], [60], [45], [72], [70], [60]

〈풀이〉 띠그래프 오른쪽에 적힌 숫자는 조사 품목 수를 말합니다. 따라서 비율에 해당하는 건수를 구합니다.

- 탄산음료 : 130×0.8=104(건)
- 햄버거 : 60×0.75=45(건)

② [30], [360], [25], [300], [60], [720], [15], [180], [2], [24]

〈풀이〉 전체 조사 인원은 1200명입니다. 비율에 해당하는 사람 수를 구합니다.

- 한 달에 두 권 이내 : 1200×0.3=360
- 한 달에 한 권 이내 : 1200×0.25=300
- 시간이 부족해서 : 1200×0.6=720
- 인터넷을 통해 충분한 정보를 얻을 수 있어서 : 1200×0.15=180
- 독서의 필요성을 못 느껴서 1200×0.02=24

90-93쪽

비율 나타내기

❶
- 〈비의 값〉 4 : 7
  〈같은 팀〉 미나, 효민, 은성, 정호
- 〈비의 값〉 4 : 5
  〈같은 팀〉 준호, 선주, 정아, 수민
- 〈비의 값〉 5 : 7
  〈같은 팀〉 태호, 민재, 철호, 연아

〈풀이〉 각각을 비로 나타내 본 후, 비의 값을 구합니다.

개념 확인

비 두 양을 비교할 때, 기준을 정하고 상대적으로 크기를 비교하는 것을 말하며, 기호로 (:)을 사용합니다.

비율 기준량에 대한 비교하는 양의 크기를 말합니다.

$$비율=\frac{비교하는\ 양}{기준량}$$

비례식 비의 값이 같은 두 비를 등식으로 나타낸 것을 비례식이라 합니다.

내항과 외항 비례식에서 안쪽을 내항, 바깥쪽을 외항이라 합니다.

예 7 : 8=14 : 16

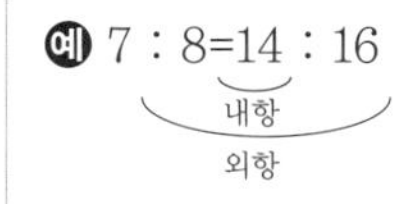

❷

① 3 : 2 = [9] : 6

〈풀이〉 3배가 되었습니다.

② 3 : 2 = [1.5] : 1 또는 3 : 2 = [$1\frac{1}{2}$] : 1

〈풀이〉 2로 나누어졌습니다.

③

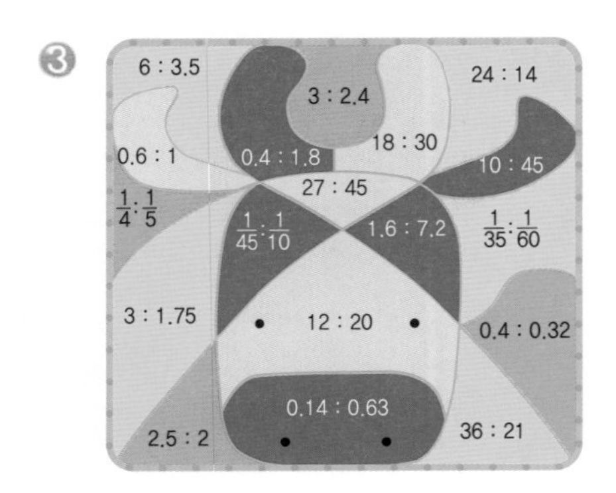

〈풀이〉 비의 전항과 후항에 같은 수를 곱하거나 나누어 구할 수 있습니다.

94-95쪽
경주 여행

❶ 3.775km 또는 377500cm

〈풀이〉

지도 위의 거리를 자로 직접 재어 봅니다.

- 경주역에서 첨성대 : 3.5cm
- 첨성대에서 안압지 : 2.3cm
- 안압지에서 경주 국립 박물관 : 3.1cm
- 경주 국립 박물관에서 분황사 : 6.2cm

따라서 지도상 코스의 거리는 15.1cm입니다.

축척이 1 : 25000(cm)이므로 실제 거리는 15.1×25000=377500(cm)입니다.

즉, 3.775km입니다.

❷ 10400m 또는 1040000cm

〈풀이〉

- 경주역에서 분황사 : 2.3cm
- 분황사에서 불국사 : 8.5cm
- 불국사에서 석굴암 : 3.1cm
- 석굴암에서 경주월드 : 6.9cm

따라서 지도상 코스의 거리는 20.8cm입니다.

축척이 1 : 50000(cm)이므로 실제 거리는 20.8×50000=1040000(cm)입니다.

즉, 10400m입니다.

96-97쪽
비례식의 활용

❶

① 6000원

〈풀이〉 5 : 3=10000 : x

30000=5x

따라서 x=6000(원)입니다.

② 4000원

〈풀이〉 3 : 2=6000 : x

12000=3x

따라서 x=4000(원)입니다.

❷ 8436명

〈풀이〉 3 : 4=6327 : x

3x=6327×4

따라서 x=2109×4=8436(명)입니다.

❸ 남자 : 2000명, 여자 : 3000명

〈풀이〉 남자 입장객수를 2x, 여자 입장객수를 3x로 놓고 조건을 비례식으로 표현하면 2x+1600 : 3x+1500=4 : 5입니다.

12x+6000=10x+8000

x=1000

따라서 남자는 2000명, 여자는 3000명이 입장했습니다.

❹ 3 : 4

〈풀이〉 A석의 사람 수를 x, B석의 사람 수를 y라 놓으면 A석의 남자의 수는 $\frac{2x}{3}$, B석의 남자의 수는 $\frac{3y}{4}$입니다.

A석과 B석의 남자 수의 비가 2 : 3이므로 $\frac{2x}{3} : \frac{3y}{4}=2 : 3$에서 $x : y=3 : 4$입니다.

따라서 A석과 B석의 전체 입장객 수의 비는 3 : 4입니다.

〈다른 풀이〉 축구 경기장의 A석의 $\frac{1}{3}$이 여자이므로 남자는 A석의 $\frac{2}{3}$이고, B석의 $\frac{1}{4}$이 여자이므로 남자는 B석의 $\frac{3}{4}$입니다.

그런데 A의 남자와 B의 남자수의 비가 2 : 3이므로 다음 그림과 같이 나타낼 수 있습니다.

A석	여자	남자	남자	
B석	여자	남자	남자	남자

A : B=3 : 4입니다.

98-101쪽

연비와 비례배분

❶

①

❶ 대한민국의 실점 : 포르투갈의 실점=1 : 4

❷ 포르투갈의 실점 : 미국의 실점=4 : 6

❸ 대한민국의 실점 : 포르투갈의 실점 : 미국의 실점=1 : 4 : 6

② 4 : 6 : 3

〈풀이〉

대한민국의 득점 : 포르투갈의 득점의 비는 2 : 3=4 : 6=6 : 9=⋯⋯ 등으로 표현할 수 있습니다.

포르투갈의 득점 : 폴란드의 득점의 비는 2 : 1=4 : 2=6 : 3=⋯⋯ 등으로 표현할 수 있습니다.

대한민국 : 포르투갈 : 폴란드

~~2~~4	:	~~3~~6		
		~~2~~6	:	~~1~~3
4	:	6	:	3

따라서 구하는 득점 비는 4 : 6 : 3입니다.

개념 확인

연비 셋 이상의 수의 비를 한꺼번에 나타낸 것이며 비와 마찬가지로 (:)을 사용합니다.

③ 4 : 4 : 3

〈풀이〉 대한민국의 승점 : 미국의 승점의 비는 1 : 1=2 : 2=3 : 3=4 : 4=⋯⋯ 등으로 표현할 수 있습니다.

대한민국의 승점 : 폴란드의 승점의 비는 4 : 3=8 : 6=12 : 9=16 : 12=⋯⋯ 등으로 표현할 수 있습니다.

대한민국 : 미국 : 폴란드

~~1~~4	:	~~1~~4		
4			:	3
4	:	4	:	3

따라서 구하는 득점 비는 4 : 4 : 3입니다.

❷

① 14개국

〈풀이〉 7 : 2=14 : 4이므로 18개의 본선 진출권이 유럽과 남미에 각각 14장, 4장으로 분배됩니다.

② 아시아 : 4.5장, 북중미 : 3.5장

〈풀이〉 아시아와 북중미의 전체 진출권에 대한 아시아의 본선 진출권의 수의 비율은 $\frac{9}{16}$ 입니다. 따라서 아시아에 배분되는 본선 진출권은 $8\times\frac{9}{16}$=4.5(장)입니다. 아시아와 북중미에 배분된 본선 진출권이 총 8장이므로 북중미에는 3.5장이 배분됩니다. 즉, 아시아에서 4등까지의 국가와 북중미에서 3등까지의 국가가 본선 진출권을 가져가고, 아시아의 5등 국가와 북중미의 4등 국가가 겨뤄서 이기는 국가가 남은 1장의 본선 진출권을 가져가게 됩니다.

③ 아프리카 5장, 아시아 4장, 북중미 3장

〈풀이〉 12개의 나라가 본선에 진출하게 되었으므로 아프리카 5장, 아시아 4장, 북중미 3장입니다.

③ 아시아 21개국, 유럽 24개국, 남미 15개국

〈풀이〉 7 : 8 : 5=14 : 16 : 10
=21 : 24 : 15입니다.
따라서 60장의 본선 진출권을 아시아, 유럽, 남미가 7 : 8 : 5로 나누어 가진다면 아시아의 21개국, 유럽의 24개국, 남미의 15개국이 본선 진출권을 가져가게 됩니다.

개념 확인

n을 가, 나, 다에게 가 : 나 : 다=a : b : c로 비례 배분하는 방법은 다음과 같습니다.

가에게 $n\times\frac{a}{a+b+c}$개,

나에게 $n\times\frac{b}{a+b+c}$개,

다에게 $n\times\frac{c}{a+b+c}$개로 배분합니다.

102–103쪽
유리한 쇼핑

① 세일 스포츠 상점

〈풀이〉 축구공 10개를 살 때, 1개를 덤으로 주면 전체의 10%를 덤으로 준 것입니다. 세일 스포츠 상점에서는 축구공 10개의 금액에 10%를 할인해 주고 플러스 스포츠 상점에서는 축구공 10개 금액의 10%에 해당하는 축구공을 덤으로 줍니다.
두 상점의 축구공 1개당 가격을 계산한 다음 비교해 봅니다.

• 세일 스포츠 상점 : 축구공 10개를 10% 할인된 가격으로 샀으므로 축구공 9개의 가격으로 10개를 샀다고 할 수 있습니다.

따라서 축구공 1개당

$6600\times\frac{9}{10}$=5940(원)입니다.

• 플러스 스포츠 상점 : 축구공 10개의 가격으로 축구공 11개를 샀다고 할 수 있습니다.

따라서 축구공 1개당

$6600\times\frac{10}{11}$=6000(원)입니다.

따라서 축구공을 보다 적은 금액에 살 수

있는 세일 스포츠 상점에서 축구공을 사는 것이 더 유리합니다.

② 몇 개를 사든 가격은 서로 같다. 단, 플러스 스포츠 상점은 10개를 살 수 없다.
〈풀이〉 축구공을 낱개로 살 때, 9개까지는 어느 상점에서 사든 가격이 같습니다. 10개를 살 경우 두 상점에 대해 여러 가지로 분석할 수 있습니다.
세일 스포츠 상점의 경우 10개를 구입할 때 59400원이 드는 반면 플러스 스포츠 상점의 경우 10개를 정확히 살 수 없습니다. 단 10개를 산 뒤에 덤으로 받은 1개를 제값에 파는 경우 가격이 같지만 되팔아야 하는 번거로움이 있습니다.
11개를 구입하는 경우 또한 두 상점의 가격은 같습니다.
결국 두 상점은 축구공을 구입할 때 몇 개를 사든지 가격이 같습니다. 단, 번거로움이 없는 세일 스포츠 상점이 유리하다고는 할 수 있습니다.

③ 〈예시 답〉 36000원짜리 축구화는 14400원을 할인 받아 21600에 구입할 수 있으며, 48000원짜리 축구화도 16800원을 할인 받아 31200원에 구입하게 된다.
할인을 더 받은 48000원짜리 축구화를 구입하는 것이 유리할 수도 있고, 경제적으로 보았을 때 싼 운동화를 사는 것이 유리할 수도 있다.

104-105쪽
지도 색칠하기

①

❶ 2가지
〈풀이〉 (나, 다)=(파란색, 초록색) 또는 (나, 다)=(초록색, 파란색)의 2가지 경우가 있습니다. 여러 곳과 인접한 영역부터 색칠해야 실수를 줄일 수 있습니다.

❷ 2가지
〈풀이〉 (나, 다)=(노란색, 초록색) 또는 (나, 다)=(초록색, 노란색)의 2가지 경우가 있습니다.

❸ 6가지
〈풀이〉 가에 초록색을 칠했을 경우 나머지 영역에 다른 색을 칠하는 방법도 2가지가 되어서 세 가지 영역에 다른 색을 칠하는 방법은 6가지입니다.

②

❶ 나 지역
〈풀이〉 가-나-다-라-마 순으로 칠하게 되는 경우와 나-가-라-마-다 순으로 칠하게 되는 경우를 비교해 봅니다. 가-나-다-라-마 순으로 칠하게 되면 마에 칠할 순서가 되었을 때 칠할 수 없는 색이 생길 수 있습니다. 나-가-라-마-다 순으로 칠하게 되면 칠할 수 없는 경우가 생기지 않습니다.
따라서 경계가 가장 많은 영역 즉, 나를 기준으로 색칠한 후 주변을 칠해 나가면 실수를 줄일 수 있습니다.

❷ 2가지

〈풀이〉

나 - 가 - 라 - 마 - 다

❸ 6가지

〈풀이〉 나에 노란색을 칠했을 때 2가지이므로 파랑색, 초록색을 칠한 경우에도 각각 2가지씩이 되어 모두 6가지입니다.

106-109쪽

사각형 채우기

①

❶ 가

❷ 나 또는 마

❸

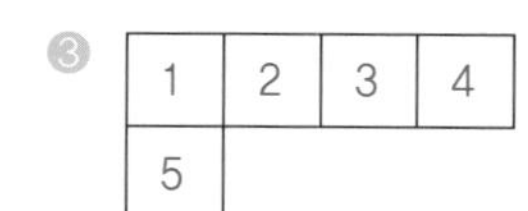

1	2	3	5
4			

1	2	4	5
3			

1	3	4	5
2			

• 어느 위치에 수를 먼저 넣어야 할까?

②

❶ 나 또는 라

❷ 6가지

〈풀이〉

1	2	3
4		
5		

1	2	4
3		
5		

1	2	5
3		
4		

1	3	4
2		
5		

1	3	5
2		
4		

1	4	5
2		
3		

③

❶ 나 또는 라

❷ 다 또는 라

❸ 5가지

〈풀이〉

1	2	3
4	5	

1	2	4
3	5	

1	2	5
3	4	

1	3	4
2	5	

1	3	5
2	4	

110-111쪽
시간표 만들기

①

❶ 4가지

❷ 4가지

❸ 21가지

〈풀이〉

시간 \ 과목	수학	과학	영어	국어
1교시	㉠		㉥	㉧
2교시	㉡	㉣	㉦	
3교시	㉢	㉤		㉨

이라고 하면

❶ (㉠, ㉣), (㉠, ㉤) ,(㉡, ㉤), (㉢, ㉣)의 4가지 경우가 생깁니다.

❷ (㉠, ㉦), (㉡, ㉥), (㉢, ㉥), (㉢, ㉦)의 4가지 경우가 생깁니다.

❸

• 수학, 과학을 수강할 경우 : 4가지
❶의 경우입니다.

• 수학, 영어를 수강할 경우 : 4가지
❷의 경우입니다.

• 수학, 국어를 수강할 경우 : 4가지
(㉠, ㉨), (㉡, ㉧), (㉡, ㉨), (㉢, ㉧)

• 과학, 영어를 수강할 경우 : 3가지
(㉣, ㉥), (㉤, ㉥), (㉤, ㉦)

• 과학, 국어를 수강할 경우 : 3가지
(㉣, ㉧), (㉣, ㉨), (㉤, ㉧)

• 영어, 국어를 수강할 경우 : 3가지
(㉥, ㉨), (㉦, ㉧), (㉦, ㉨)

따라서 모두 4+4+4+3+3+3=21(가지)입니다.

② 11가지

〈풀이〉 차례대로 기준을 정해 경우의 수를 구합니다.

(㉠, ㉣, ㉨), (㉠, ㉦, ㉤), (㉠, ㉦, ㉨)
(㉡, ㉥, ㉤), (㉡, ㉥, ㉨), (㉡, ㉧, ㉤)
(㉢, ㉣, ㉥), (㉢, ㉣, ㉧), (㉢, ㉦, ㉧)
(㉣, ㉥, ㉨), (㉤, ㉦, ㉧)

따라서 모두 11가지 입니다.

〈다른 풀이〉 시간을 기준으로 구하면 다음과 같습니다.

• 1교시에 수학을 들을 경우 : (수학, 과학, 국어), (수학, 영어, 과학), (수학, 영어, 국어)→3가지

• 1교시에 영어를 들을 경우 : (영어, 수학, 과학), (영어, 수학, 국어), (영어, 과학, 수학), (영어, 과학, 국어)→4가지

• 1교시에 국어를 들을 경우 : (국어, 수학, 과학), (국어, 과학, 수학), (국어, 영어, 수학), (국어, 영어, 과학)→4가지

이상의 경우를 모두 더하면 3+4+4=11 즉, 총 11가지 경우가 나옵니다.

112-113쪽
박물관에 가는 경우의 수

❶

① 5가지

〈풀이〉 박물관을 갈 때 버스 A, 버스 B, 버스 C, 기차 a, 기차 b 이렇게 5가지 방법 중 하나로 갈 수 있습니다.

> **개념 확인**
>
> **경우의 수** 어떤 일이 일어날 수 있는 경우의 가짓수를 뜻합니다.

② 6가지

〈풀이〉 버스 A-기차 a / 버스 B-기차 a / 버스 C-기차 a

버스 A-기차 b / 버스 B-기차 b / 버스 C-기차 b

모두 6가지입니다.

각각의 경우를 직접 세어 보거나 순서쌍으로 나타내거나 수형도를 이용하는 등 여러 가지 방법을 이용해서 구할 수 있습니다.

❷

① 2가지

〈풀이〉 된장찌개 또는 비빔밥

② 4가지

〈풀이〉 라면 또는 우동 또는 칼국수 또는 쫄면

③ 6가지

〈풀이〉 밥 종류 중에서 2가지, 면 종류 중에서 4가지를 선택할 수 있으므로 모두 6가지입니다.

❸

①

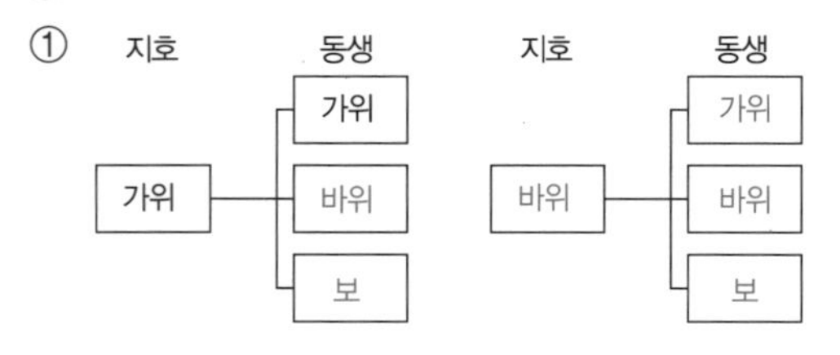

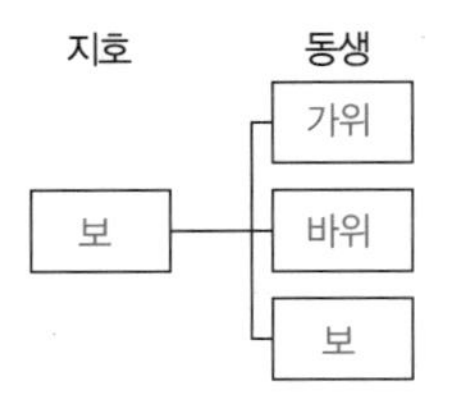

〈풀이〉 경우의 수를 구하는 기본적인 방법 중 하나인 수형도를 그려 보면 각각의 경우에 대해 중복하거나 빠뜨리지 않는 연습이 됩니다. 이 과정이 충분히 이해된다면 단순하게 표현하는 순서쌍으로 나타내 보거나 간단한 계산을 통해서 구할 수 있습니다

② 수형도 외에도 (가위, 가위), (가위, 바위), ……와 같이 순서쌍으로 표시해 구하거나 지호가 낼 수 있는 경우가 3가지이고 각각의 경우에 대하여 동생이 낼 수 있는 경우가 3가지이므로 $3\times3=9$(가지)라고 구할 수 있다.

114-115쪽
줄을 서는 경우의 수

① 5040가지

〈풀이〉 서로 다른 7명이 한 줄로 줄서는 경우의 수 : $7\times6\times5\times4\times3\times2\times1=5040$(가지)

A, B가 동시에 일어나는 경우의 수 공식은 $m\times n$입니다. 서로 다른 7명을 동시에 한 줄로 세우는 경우이므로 1~7까지의 수를 곱합니다.

② 576가지

〈풀이〉 여자들이 모두 붙어 있어야 하므로 여자들을 묶음으로 만들어 한 명처럼 생각하고 줄을 세웁니다.
일단 (할아버지), (아버지), (오빠), (여자들) 이렇게 4명이 줄을 선 후 …… ㉠,
4명의 여자들끼리 '여자들' 묶음 안에서 줄서면 됩니다. …… ㉡
㉠의 경우의 수 : $4\times3\times2\times1$
㉡의 경우의 수 : $4\times3\times2\times1$
따라서 총 경우의 수는
$(4\times3\times2\times1)\times(4\times3\times2\times1)=576$(가지)입니다.

③ 144가지
〈풀이〉 남자들끼리 서로 떨어져 있고, 여자들끼리도 서로 떨어져 있으려면 성별만으로 볼 때, 다음과 같이 줄을 서야 합니다.
여자 A–남자 A–여자 B–남자 B–여자 C–남자 C–여자 D
이제 여자들의 자리, 남자들이 서야 할 자리는 확정되었으므로, 같은 성별끼리 줄을 서는 방법만 구하면 됩니다.
여자들끼리 줄서는 경우의 수 : $4\times3\times2\times1$
남자들끼리 줄서는 경우의 수 : $3\times2\times1$
따라서 총 경우의 수는
$(4\times3\times2\times1)\times(3\times2\times1)=144$(가지)입니다.

116–117쪽
식탁에 둘러앉는 경우의 수

❶ 24가지
〈풀이〉 그림에서 다섯 자리를 각각 A, B, C, D, E라고 하면 다섯 명이 둘러앉는 방법 중 ABCDE, BCDEA, CDEAB, DEABC, EABCD는 회전 방향이 같으므로 동일한 방법으로 생각할 수 있습니다.
따라서 5명을 배열하는 방법의 수를 5로 나누어 주면
$\frac{5\times4\times3\times2\times1}{5}=4\times3\times2\times1=24$(가지)입니다.

❷
① 6가지
〈풀이〉 $\frac{4\times3\times2\times1}{4}=3\times2\times1=6$(가지)

② 10080가지
〈풀이〉 8명이 앉는 경우에는 한 변에 2명이 앉았을 때, A, B의 순서로 앉는 경우와 B, A의 순서로 앉는 경우가 다르므로
$\frac{8\times7\times6\times5\times4\times3\times2\times1}{8}\times2$
$=10080$(가지)입니다.

❸ 120960가지
〈풀이〉 9개를 배열하는 방법의 수는
$\frac{9\times8\times7\times6\times5\times4\times3\times2\times1}{9}$
입니다. 각 변에 3개의 의자가 놓이므로 각 자리를 A, B, C라 하면 A, B, C의 경우가 다르게 됩니다. 따라서 $(8\times7\times6\times5\times4\times3\times2\times1)\times3=120960$(가지)입니다.

❹ 1814400가지
〈풀이〉

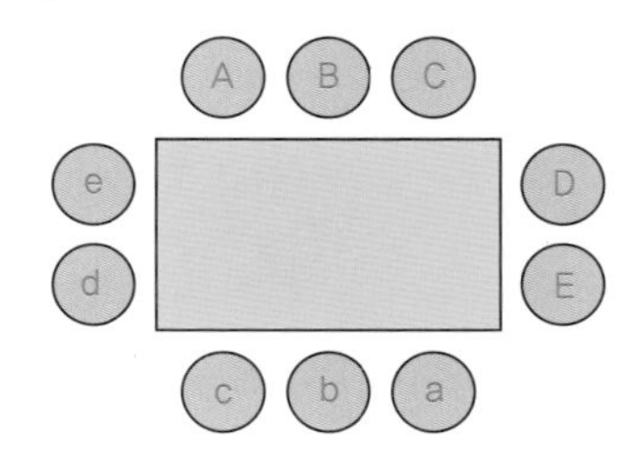

직사각형의 경우도 어느 하나를 고정하고

생각해 보면 1명을 고정시킬 수 있는 곳은 A, B, C, D, E의 5곳이므로,

$$\frac{10\times9\times8\times7\times6\times5\times4\times3\times2\times1}{10}\times5$$

=1814400(가지)입니다.

118-119쪽

비둘기 집의 원리

①

❶ 있다.

〈풀이〉 0으로 끝나는 수가 1개, 1로 끝나는 수가 1개, 2로 끝나는 수가 1개, ……, 9로 끝나는 수가 1개라면 모두 합해 10개의 수가 됩니다. 그런데 10가지 경우 외에 일의 자리가 다른 숫자는 더 이상 없으므로 11번째 수는 위의 10가지 경우들 중 어느 하나와 일의 자릿수가 같을 수밖에 없습니다.

❷ 항상 있다고 말할 수 없다.

〈풀이〉 일의 자릿수의 종류는 0에서 9까지 모두 10가지이므로 다음과 같이 같은 숫자로 끝나는 수가 하나도 없는 경우가 존재합니다.

□□0, □1, □□□2, □□3, □4, □□□□5, □6, □□7, □□□8, □9 등

생각 열기

• 비둘기 집의 원리를 적용한다면, 비둘기는 무엇이고 비둘기 집은 무엇일까?

❸ 있다.

〈풀이〉 00으로 끝나는 수가 1개, 01로 끝나는 수가 1개, 02로 끝나는 수가 1개, ……, 99로 끝나는 수가 1개라면 모두 합해 100개의 수가 됩니다. 그런데 100가지 경우 외에 십의 자리와 일의 자리 숫자가 다른 경우는 더 이상 없으므로 101번째 수는 위의 100가지 경우들 중 어느 하나와 십의 자리와 일의 자릿수가 같을 수밖에 없습니다.

❹ 항상 있다고 말할 수 없다.

〈풀이〉 십의 자리와 일의 자리 숫자가 다른 경우는 모두 100가지이므로 칠판에 적힌 수가 100개 이하가 되면, 얼마든지 십의 자리와 일의 자릿수가 모두 다른 예를 들 수 있습니다.

②

❶ 11

❷ 101

❸ 1001

개념 확인

비둘기 집의 원리 비둘기 집보다 비둘기가 더 많이 있다면 2마리 이상의 비둘기가 들어 있는 집이 적어도 한 집은 있다고 말할 수 있습니다.

이것을 수학적 용어로 표현하면 다음과 같습니다.

n개의 상자에 n개보다 많은 물건을 넣는다면 적어도 한 상자에는 반드시 두 개 이상의 물건이 들어간다.

반드시 n개의 각 상자마다 물건을 한 개

씩 담는다면 모두 n개의 물건을 담을 수 있습니다. 그런데 물건이 n개보다 많기 때문에 적어도 한 상자에는 반드시 두 개 이상의 물건이 들어가야 합니다.
물건이 2개 들어 있는 상자가 여러 개일 수도 있고, 물건이 3개 혹은 그 이상 들어 있는 상자도 있을 수 있습니다. 또한 한 상자에 모든 물건이 다 들어 있을 수도 있습니다. 이처럼 어떤 상자에 몇 개의 물건이 들어 있는지를 정확히 알 수 없지만, 어떤 한 상자에는 반드시 2개 이상의 물건이 들어 있다고 할 수 있습니다.
비둘기 집의 원리를 적용한다면 칠판에 적힌 수들은 '비둘기'라 할 수 있고, 일의 자리 숫자가 다른 수는 '비둘기 집'이라고 할 수 있습니다.

규칙성과 문제 해결 >>>

122-123쪽
양팔저울과 방정식

① 방정식 : $x+2=7$ ➡ $x=5$

해결 과정

$x+2=7$

$x+2-2=7-2$

$x=5$

사용된 등식의 성질

등식의 양변에 같은 수를 빼어도 등식은 성립한다.

〈풀이〉 왼쪽 저울에 원 모양 추 한 개와 오른쪽 저울에 원 모양 추 한 개가 보기 와 같이 없어집니다. 왼쪽 저울에는 $x+2$g이고 오른쪽 저울에는 7g이므로 방정식은 $x+2=7$이 됩니다. 이 방정식을 풀면 $x=5$가 됩니다.

② 방정식 : $2x=8$ ➡ $x=4$

해결 과정

$2x=8$

$2x\div2=8\div2$

$x=4$

사용된 등식의 성질

등식의 양변에 0이 아닌 같은 수를 나누어도 등식은 성립한다.

〈풀이〉 왼쪽 저울에 사각형 모양 추 두 개와 오른쪽 저울에 사각형 모양 추 두 개가 보기 와 같이 없어집니다. 왼쪽 저울에는 $2x$g이고 오른쪽 저울에는 8g이므로 방정식은 $2x=8$이 됩니다. 이 방정식을 풀면 $x=4$가 됩니다.

③ 방정식 : $2x=4$ ➡ $x=2$

해결 과정

$2x=4$

$2x\div2=4\div2$

$x=2$

사용된 등식의 성질

등식의 양변에 0이 아닌 같은 수를 나누어도 등식은 성립한다.

〈풀이〉 왼쪽 저울에 사각형 모양 추 한 개와 오른쪽 저울에 사각형 모양 추 한 개, 왼쪽 저울에 사각형 모양 추 한 개와 오른쪽 저울에 원 모양 추 두 개, 왼쪽 저울에 x 한 개와 오른쪽 저울에 x 한 개가 보기 와 같이 없어집니다. 왼쪽 저울에는 $2x$g이 있고 오른쪽 저울에는 4g이므로 방정식은 $2x=4$가 됩니다. 이 방정식을 풀면 $x=2$가 됩니다.

124-125쪽
등식으로 나타내기

1

① $x+4=15$

② $x\times6-2=40$

③ $6\times x\div2=30$

④ $x\times2+200=1200$

⑤ $90\times x+700=1500$

> **개념 확인**
>
> **등식** $3\times x+2=8$과 같이 수량 사이의 관계를 등호를 써서 나타낸 식을 말합니다.

2

① $x\times3-4=80$
$x=28$

② $(x-4)\times5=x\times3$
$x=10$

③ $5000-x\times450=950$
$x=9$

④ $180=x\times2+10$
$x=85$

⑤ $12\times x=84$
$x=7$

〈풀이〉
- 구하는 것은 무엇인가?
- 구하는 것을 x로 놓자.
- 주어진 문장을 적당히 두 개의 문장으로 나누어 보자.(문장의 연결 상태 등에 주의)
- 두 문장이 서로 등식 관계에 있는지 살펴보자.
- 각 문장을 식으로 바꾼 뒤 등호로 연결하자.

> **생각 열기**
>
> 방정식에서 방정식의 풀이 과정보다 더 어려워 하는 점은 문장을 식으로 바꾸는 것입니다. 본 문제를 통해 문장과 식과의 관계를 잘 이해할 수 있도록 합니다.

개념 확인

방정식 어떤 수 □를 x, y, z와 같은 문자로 나타낼 수 있으며, $x+8=20$, $20-8=y$, $8+z=20$과 같은 등식을 방정식이라 합니다.

126-130쪽
방정식을 활용하여 문제 해결하기

1

① 〈예시 답〉 거북이 달팽이를 따라 잡는 데 걸린 시간

② 거북이 움직인 거리=달팽이가 움직인 거리

③ • 거북이가 움직인 거리=12km×x일
• 달팽이가 움직인 거리
=4km×10일+4km×x일
따라서 $12\times x=4\times 10+4\times x$이다.

④ $12\times x=4\times 10+4\times x$
$12x=40+4x$
$12x-4x=40+4x-4x$
$(12-4)x=40$
$8x=40$
$8x\div 8=40\div 8$
$x=5$
따라서 5일이다.

⑤ 거북이 출발한 지 5일이 경과하면,
거북이 움직인 거리는 12×5=60(km)이고,
달팽이 움직인 거리는 4×10+4×5=40+20 =60(km)이다.

2

① x : 원숭이의 수

② 2개씩 나누어 줄 때 사탕의 개수=3개씩 나누어 줄 때 사탕의 개수

③ • 2개씩 나누어 줄 때 사탕의 총 개수
$=2x+6$
• 3개씩 나누어 줄 때 사탕의 총 개수
$=3x-1$
따라서 $2x+6=3x-1$이다.

④ $2x+6=3x-1$
$2x-2x+6=3x-1-2x$
$6=3x-2x-1$
$3x-2x-1=6$
$3x-2x-1+1=6+1$
$3x-2x=7$
$(3-2)x=7$
$x=7$
따라서 7마리이다.

⑤ • 2개씩 나누어 줄 때 사탕의 총 개수
=2×7+6=14+6=20(개)
• 3개씩 나누어 줄 때 사탕의 총 개수
=3×7−1=21−1=20(개)

3

① 어린이 8명과 어른 5명의 입장료=54000원
〈풀이〉 어른 입장료가 어린이 입장료의 2배라는 사실은 문제의 조건에 속합니다. 어린이의 입장료를 x원이라고 놓으면 어른의 입장료는 $2x$원이 됩니다.
$8x+5\times 2x=54000$이므로

x=3000입니다.

따라서 어린이 입장료는 3000원입니다.

② 4년 전의 아버지 나이 = 내 나이의 5배

〈풀이〉 아버지와의 28살 나이 차는 문제의 조건에 속합니다. 현재의 내 나이를 x살이라고 놓으면 현재 아버지의 나이는 x+28살이 되고, 4년 전 아버지의 나이는 (x+28−4)살이 됩니다.

따라서 $x+28-4=5(x-4)$이므로 내 나이는 11살입니다.

③ 비율이 23%일 때 빨간 구슬의 개수 = 비율이 40%일 때 빨간 구슬의 개수

〈풀이〉 처음에 빨간 구슬과 파란 구슬의 개수를 합하면 200개가 있었다는 사실은 문제의 조건에 해당합니다.

$\frac{\text{(빨간 구슬의 개수)}}{\text{(전체 구슬의 개수)}}\times 100$인 빨간 구슬의 비율은 제시되어 있지 않지만 문제를 해결하기 위해 사전에 알고 있어야 되는 사항입니다.

처음에 있던 빨간 구슬의 개수는 200개의 23%이므로 46개입니다. 친구에게 준 파란 구슬의 개수를 x개라고 하면 남은 전체 구슬의 개수는 200−x개이며, 이것의 40%에 해당하는 빨간 구슬 개수는 46개입니다.

$\frac{46}{200-x}=0.4$이므로 친구에게 준 파란 구슬의 개수는 85개입니다.

131-134쪽

수학사에서 발견된 방정식

1

① $2x+4(35-x)=94$

$2x+140-4x=94$

$140-2x=94$

$-2x=-46$

$x=23$

〈풀이〉 학과 거북의 머리는 35개이므로 모두 35마리가 있는 것입니다. 학의 수를 x라 하면 거북의 수는 35−x입니다. 학의 다리는 2개이고 거북의 다리는 4개이므로 학의 다리와 거북의 다리의 합은 $2x+4+(35-x)$이고 94개와 같으므로 방정식은 $2x+4+(35-x)=94$입니다. 이 방정식을 풀면 x=23입니다. 즉, 학은 23마리, 거북은 12마리입니다.

② 〈예시 답〉

• 표를 이용해 해결한다.

학과 거북은 모두 35마리이므로 다음과 같이 표를 만들어 학과 거북의 다리가 94개인 곳을 찾으면, 학은 23마리, 거북은 12마리임을 알 수 있다.

학	20	21	22	23
거북	15	14	13	12
다리의 수	100	98	96	94

• 거북과 학의 다리의 수의 차를 이용해 해결한다.

만약 모두 거북이라고 생각하면 다리의 수는 35×4=140개이다. 하지만 다리의 수는 94개이므로 140−94=46개가 차이가 난다. 이것은 학의 다리의 개수가 포함되어 있기 때문이다. 학은 거북보다 다리가 2개

씩 더 적으므로 (학의 수)=(140−94)÷2=23마리이다. 그러므로 학의 수는 23마리, 거북은 12마리이다.

❷

① $2x+4(100-x)=272$

$2x+400-4x=272$

$400-2x=272$

$-2x=-128$

$x=64$

〈풀이〉 닭의 수를 x라 하면 토끼의 수는 $100-x$입니다. 닭의 다리는 2개이고 토끼의 다리는 4개이므로 닭의 다리와 토끼의 다리의 합은 $2x+4(100-x)$이고 272개와 같으므로 방정식은 $2x+4(100-x)=272$입니다. 이 방정식을 풀면 $x=64$입니다. 즉, 닭은 64마리, 토끼는 36마리입니다.

② 〈예시 답〉

• 표를 이용해 해결한다. 닭과 토끼는 모두 100마리이므로 다음과 같이 표를 만들어 닭과 토끼의 다리가 272개인 곳을 찾으면, 닭은 64마리, 토끼는 36마리이다.

닭	61	62	63	64
토끼	39	38	37	36
다리의 수	278	276	274	272

• 닭과 토끼의 다리의 수의 차를 이용해 해결한다. 만약 모두 토끼라고 생각하면 다리의 수는 100×4=400(개)이다. 하지만 다리의 수는 272개이므로 400−272=128(개)가 차이가 난다. 이것은 닭의 다리의 개수가 포함되어 있기 때문이다. 닭은 토끼보다 다리가 2개씩 더 적으므로 (닭의 수)=(400−272)÷2=64(마리)이다. 그러므로 닭은 64마리, 토끼는 36마리이다.

❸

① $x+\frac{1}{7}x=8$

$\frac{8}{7}x=8$

$\frac{8}{7}x\times\frac{7}{8}=8\times\frac{7}{8}$

$x=7$

〈풀이〉 '아하'를 x라 놓으면 방정식은 $x+\frac{1}{7}x=8$이 됩니다. 이 방정식을 해결하면 $x=7$이 되어 '아하'는 7입니다.

② 〈예시 답〉 표를 이용해 문제를 해결할 수 있다. '아하의 $\frac{1}{7}$'을 예상하면서 아래의 표를 만들 수 있다. 만약에 '아하의 $\frac{1}{7}$'이 1이라면 '아하'는 7배인 7이 된다. 그럼 '아하'와 '아하의 $\frac{1}{7}$'의 합은 8이 되므로 '아하'는 7이 된다.

'아하의 $\frac{1}{7}$'	1	2
'아하'	7	14
'아하'와 '아하의 $\frac{1}{7}$'의 합	8	16

❹

① $x+1=2\times4$

$x+1=8$

$x=7$

〈풀이〉 노새가 진 짐의 수를 x라 놓으면, 말에게 짐 한 개를 받으면 노새의 짐의 수는 $x+1$이 되고, 말의 짐의 수는 4개가 됩니다. 노새의 짐의 수는 말이 진 짐의 수의 2배가 되므로 방정식은 $x+1=2\times4$가 됩니다. 이 방정식을 해결하면 $x=7$이 되어 노새가 진 짐의 개수는 7개입니다.

② 〈예시 답〉 표를 이용해 문제를 해결할 수 있다. 말이 노새에게 짐 1개를 받는다면 말의 짐의 수는 항상 6개가 된다. 노새의 짐의 수를 변화시켜 보면서 아래 표를 만들면 말의 짐과 말에게 짐 1개를 주고 난 후, 노새의 짐이 같을 때를 찾으면 된다.

말의 짐	6	6	6	6
노새의 짐	5	6	7	8
말에게 짐 1개를 주고 난 후, 노새의 짐	4	5	6	7

❺ 방의 개수 : 8개, 손님의 수 : 63명

〈풀이〉 $7x+7=9(x-1)$

$7x+7=9x-9$

$2x=16$

$x=8$

이씨네 방의 개수를 x라고 놓으면 손님의 수는 $7x+7$과 $9(x-1)$이 됩니다. 이를 방정식으로 나타내면 $7x+7=9(x-1)$이 됩니다. 이 방정식을 해결하면 $x=8$이므로 방의 개수는 8개입니다. 또한 손님의 수는 $7x+7$이므로 $7\times8+7=63$(명)입니다.

❻ 20일

〈풀이〉 좋은 말이 달리기 시작한지 x일 만에 둔한 말을 따라잡는다고 하면 둔한 말이 12일 먼저 달려갔으므로 $150\times12=1800$(리)를 달려갔습니다. x일 동안 좋은 말이 달린 거리는 $150\times x$이므로 $240\times x=150\times x+1800$입니다.

$90x=1800$

$x=20$

즉, 좋은 말이 달리기 시작한지 20일 만에 둔한 말을 따라잡습니다.

135-136쪽

이야기 속의 방정식

❶ 16살

〈풀이〉 백설 공주가 살아온 시간을 x라고 하면 $\frac{1}{2}x+2+\frac{3}{8}x=x$이다. 방정식을 풀면 $x=16$임을 알 수 있습니다.

〈다른 풀이〉 수직선으로 나타내어 $\frac{1}{2}$지점과 $\frac{3}{8}$지점을 표시한 나머지는 2년을 뜻합니다.

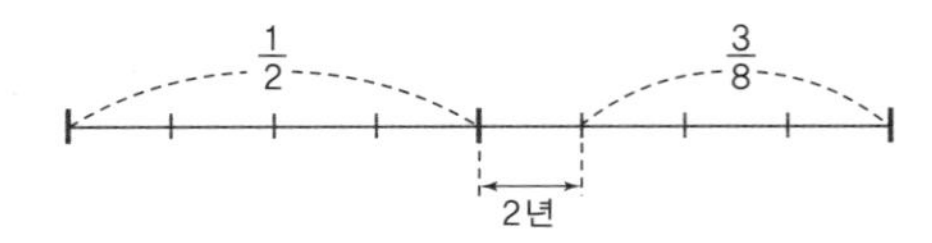

따라서 전체의 $\frac{1}{8}$이 2년이므로 나이는 $8\times2=16$, 16살입니다.

생각 열기

백설 공주가 난쟁이 집에서 보낸 것은 전체의 얼마인지 분수로 나타내고, 구한 방법을 설명해 보도록 합니다.

❷ 84살

〈풀이〉 디오판토스의 생애를 x년이라고 하면 $\frac{1}{6}x+\frac{1}{12}x+\frac{1}{7}x+5+\frac{1}{2}x+4=x$입니다.

방정식을 풀면 $x=84$입니다.

〈다른 풀이〉

수직선으로 나타내 보면 다음과 같습니다.

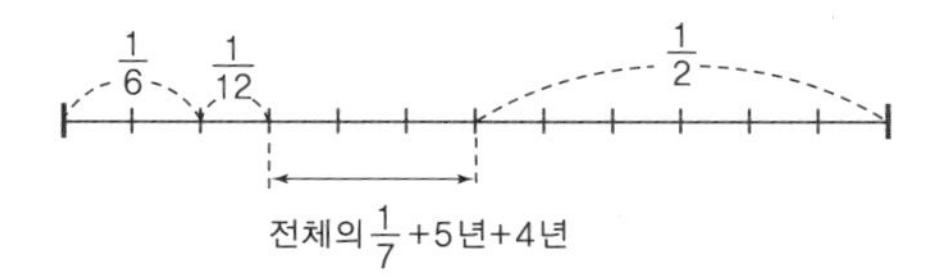

전체의 $\frac{3}{12}$은 전체의 $\frac{1}{7}$과 9년의 합과 같으므로 $\frac{3}{12}-\frac{1}{7}=\frac{3}{28}$입니다.

전체의 $\frac{3}{28}$은 9년입니다. 따라서 나이는 $9\div3\times28=84$(세)입니다.

137쪽
문자와 식

28명

〈풀이〉 피타고라스의 제자의 수를 x라 놓습니다.

$\frac{1}{2}x+\frac{1}{4}x+\frac{1}{7}x+3=x$

$x=28$(명)

138-139쪽
참인 문장 찾기

❶

① 참

〈풀이〉 4의 배수는 4, 8, 12, ……이고 2의 배수는 2, 4, 6, 8, 10, 12, ……이므로 참입니다.

② 거짓

〈풀이〉 3의 배수는 3, 6, 9, ……인데 이중 3, 9는 6의 배수가 아니므로 거짓입니다.

③ 알 수 없다.

④ 거짓

〈풀이〉 왼쪽으로 돌아오는 것과 오른쪽으로 돌아오는 것 2가지이므로 거짓입니다.

❷ 유경

〈풀이〉 어떤 야구 선수는 소년들에게 인기가 있고, 소년들에게 인기가 있으면 모두 행복합니다. 따라서 어떤 야구 선수는 행복하다는 것을 알 수 있습니다.

• 창의 : 행복한 사람이라고 모두 야구 선수일 수는 없습니다.

• 창조 : 인기가 없는 사람들 중 행복한 사람도 있고 행복하지 않은 사람도 있으므로 참인지, 거짓인지 알 수 없습니다.

주어진 명제를 부정하면 '어떤 행복하지 않은 사람은 소년들에게 인기가 없다.'는 말이 됩니다. 창조의 말도 창의의 말처럼 어떤 행복하지 않은 사람이 소년들에게 인기가 없는 충분조건은 되지만 필요조건은 아닙니다. 따라서 그 역은 성립하지 않습니다.

• 한준 : 소년들에게 인기가 있는 사람이 아니라고 모두 야구 선수가 아닌 것은 아니다.

모든 소년들에게 인기가 있는 사람이 아니라면 야구 선수가 아니지만 한준이의 말에서 모든 소년들인지는 확실치 않습니다. 어떤 소년들에게 인기가 없는 사람도 야구 선수는 될 수 있기 때문입니다.

• 유경 : 인기가 없는 야구 선수는 행복할 수도 그렇지 않을 수도 있습니다.

삼단논법에 의해 어떤 야구 선수는 행복하기 때문에 어떤 야구 선수는 행복하지 않을 수 있다는 것을 알 수 있습니다.

140-141쪽
말 속에 숨은 뜻 찾기 I

❶

① 탐구가 창조와 창의를 보았을 때 만약 두 사람이 분홍색 모자를 쓰고 있었다면 탐구는 파란색 모자를 썼다는 것을 알 수 있다. 그러나 탐구는 자신의 모자 색을 모른다고 하였으므로 창의-창조가 쓰고 있는 모자의 색은 파랑/파랑, 파랑/분홍, 분홍/파랑 중 하나임을 알 수 있다.
창조가 창의를 보았을 때 창의가 분홍색 모자를 썼다면 창조는 자신이 파랑색 모자를 썼다는 것을 알 수 있다. 그러나 창조는 자신의 모자 색을 모른다고 하였으므로 창의는 자신이 파란색 모자를 쓰고 있다는 것을 알 수 있다.

② 파란색

③ 분홍색 모자가 2개 있으므로 3명 중 2명이 분홍색 모자를 쓰고 있으면 나머지 한 명은 자신이 파란색 모자를 쓴 것을 알게 된다. 그런데 처음에 3명 모두 맞히지 못했으므로 분홍색 모자를 쓴 사람은 1명 또는 0명이다.
• 창의가 분홍색을 썼을 경우 :
창조와 탐구의 모자 색은 파란색 / 파란색뿐이다. 1차 대답 후에 창의는 자신의 모자 색을 알 수 없지만, 다른 사람들은 창의의 분홍색 모자가 보이기 때문에 창조와 탐구는 파란색 모자를 썼다는 것을 알게 된다.
• 창의가 파란색을 썼을 경우 :
창조와 탐구의 모자색은 파란색 / 파란색 또는 파란색 / 분홍색이다.
파란색 / 분홍색이 보이는 경우는 1차 대답 후에 창의가 파란색 모자를 썼음을 알 수 있다.
파란색 / 파란색이 보이는 경우는 1차 대답 후에도 알아맞히는 사람이 없으므로 분홍색 모자가 아니라는 것을 알 수 있다.

❷ 빨간색
〈풀이〉

색깔 \ 사람	창의	탐구	한준
빨간색	×	×	○
파란색	○	×	×
노란색	×	○	×

창의는 노란색 모자를 쓰지 않았으므로 파란색 모자를 썼다는 것을 알 수 있습니다.

142-143쪽
말 속에 숨은 뜻 찾기 II

❶ 한준-선아, 세리-홍주, 운재-정환, 미연-창의
〈풀이〉

	창의	정환	홍주	선아
한준	×	×	×	○
세리	×	×	○	×
은재	×	○	×	×
미연	○	×	×	×

❷

① 유경이와 창의는 초록색 옷을 입고 있지

않다.

② 창의-주황색, 유경-노란색, 탐구-초록색, 창조-빨간색

③ 1등-창의, 2등-유경, 3등-창조, 4등-탐구
〈풀이〉 가와 나 문장에서 창의, 유경, 창조, 탐구 순으로 도착했음을 알 수 있습니다. 나와 다, 라 문장에서 노란색, 빨간색, 초록색 옷 순으로 도착했음을 알 수 있고, 다 문장에서 노란색이 1등이 아니므로 주황색, 노란색, 빨간색, 초록색 순임을 알 수 있습니다.

144-145쪽

바둑알 가져가기 게임

① 가운데 있는 바둑알을 1개 또는 3개 가져가면 된다.
〈풀이〉 가운데를 중심으로 그림과 같이 대칭이 되도록 바둑알을 남겨 두고 나중에 하는 사람이 가져가는 바둑알의 개수만큼 반대편에서 가져가면 됩니다.

  또는 

따라서 홀수 개의 바둑알이 놓여 있는 경우는 가운데 바둑알 1개를 가져가거나 또는 가운데 바둑알과 양쪽의 돌을 포함하여 3개를 가져갑니다.
즉,   또는

 입니다.

② 가운데 있는 바둑알 2개를 가져가면 된다.
〈풀이〉 가운데를 중심으로 그림과 같이 대칭이 되도록 바둑알을 남겨 두고 나중에 하는 사람이 가져가는 바둑알의 개수만큼 반대편에서 가져가면 됩니다.

따라서 짝수 개의 바둑알이 놓여 있는 경우는 가운데 바둑알 2개를 가져간다.
즉, 입니다.

③ 가운데 있는 바둑알 1개 또는 3개 가져가면 된다.
〈풀이〉 가운데를 중심으로 그림과 같이 대칭이 되도록 바둑알을 남겨 두고 나중에 하는 사람이 가져가는 바둑알의 개수만큼 반대편에서 가져가면 됩니다.

  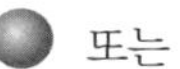 또는

따라서 홀수 개의 바둑알이 놓여 있는 경우는 가운데 바둑알 1개를 가져가거나 또는 가운데 바둑알과 양쪽의 돌을 포함하여 3개를 가져갑니다.
즉,   또는

 입니다.

④ 가운데 있는 바둑알 2개를 가져가면 된다.
〈풀이〉 가운데를 중심으로 그림과 같이 대칭이 되도록 바둑알을 남겨 두고 나중에 하는 사람이 가져가는 바둑알의 개수만큼 반대편에서 가져가면 됩니다.

따라서 짝수개의 바둑알이 놓여 있는 경우는 가운데 바둑알 2개를 가져갑니다.

즉,  입니다.

⑤ 가운데 있는 바둑알 2개를 가져가면 된다.(100, 101째 번 바둑알)
〈풀이〉 가운데를 중심으로 그림과 같이 대칭이 되도록 바둑알을 남겨 두고 나중에 하는 사람이 가져가는 바둑알의 개수만큼 반대편에서 가져가면 됩니다.

●……● | ●……●

146-147쪽
수조에 물 채우고 빼기

❶

① $\frac{1}{5}$
〈풀이〉 가득찬 물의 양이 1이고 5시간 동안 전체를 채웠으므로, 1시간 동안 채울 수 있는 물의 양은 $\frac{1}{5}$입니다.

② $\frac{1}{9}$
〈풀이〉 가득찬 물의 양이 1이고 9시간 동안 전체 물이 빠져나갔으므로, 1시간 동안 빠져나가는 물의 양은 $\frac{1}{9}$입니다.

③ $\frac{4}{45}$
〈풀이〉 (A관을 통해서 1시간 동안 채워지는 수조의 양)−(B관을 통해서 1시간 동안 빠져나가는 물의 양)$=\frac{1}{5}-\frac{1}{9}=\frac{4}{45}$

④ 11시간 15분
〈풀이〉 수조에 물이 가득 차는 데 걸리는 시간을 □라 한다면, 다음을 만족해야 합니다.
$\frac{4}{45}\times\square=1$
즉, (전체 수조 안의 물의 양 1)÷(1시간 동안 채울 수 있는 물의 양)
$=1\div\frac{4}{45}=\frac{45}{4}=11\frac{1}{4}$
그러므로 11시간 15분이 걸립니다.

❷ 4시간 48분
〈풀이〉 가득 찬 수조의 물의 양을 1이라 하면, A관, B관은 시간당 각각 $\frac{1}{4}$, $\frac{1}{8}$의 물이 들어오고, C관은 $\frac{1}{6}$의 물이 빠져나갑니다.
A, B관을 통해서 물이 수조에 들어오고 C관을 통해서 물이 빠져나간다면
1시간 동안에는 $\frac{1}{4}+\frac{1}{8}-\frac{1}{6}=\frac{6+3-4}{24}=\frac{5}{24}$의 물이 있습니다.
그러므로 걸리는 시간은 $1\div\frac{5}{24}=\frac{24}{5}=4\frac{4}{5}$입니다.
따라서 소요 시간은 4시간 48분입니다.

148-151쪽
풀의 양 구하기

① 162
〈풀이〉 1마리의 말이 1주 동안 먹는 풀의 양을 1이라 할 때, 27마리의 말이 6주 동안 먹은 풀의 양은 27×6=162입니다.
162=(처음 풀의 양)+(6주 동안 풀이 자라나는 양)

② 207
〈풀이〉 1마리의 말이 1주 동안 먹는 풀의

양을 1이라 할 때, 23마리의 말이 9주 동안 먹은 풀의 양은 $23\times9=207$입니다.
207=(처음 풀의 양)+(9주 동안 풀이 자라나는 양)

③ 3주간 자라난 풀의 양
〈풀이〉
(처음 풀의 양)+(6주 동안 풀이 자라나는 양)=162
(처음 풀의 양)+(9주 동안 풀이 자라나는 양)=207입니다.
따라서 (처음 풀의 양)+(9주 동안 풀이 자라나는 양)=(처음 풀의 양)+(6주 동안 풀이 자라나는 양)+(3주 동안 풀이 자라나는 양)이므로 162와 207의 차는 3주간 자라난 풀의 양을 의미합니다.

④ 15
〈풀이〉 ③번에서 풀의 양이 차이는 45이고 이것은 곧 3주간 자라난 풀의 양을 의미하므로 1주 동안 자라난 풀의 양은 $(207-162)\div3=15$입니다.

⑤ 72
〈풀이〉 ①에서 (처음 풀의 양)+(6주 동안 풀이 자라나는 양)=162임을 알았습니다.
④에서 1주 동안 자라나는 풀의 양이 15이므로 6주간 자라난 풀의 양은 $15\times6=90$입니다.
그러므로 (처음 풀의 양)+90=162입니다.
따라서 처음 풀의 양은 $162-90=72$입니다.

⑥ 6
〈풀이〉 21마리의 말이 한 주에 먹는 풀의 양은 21이고, 한 주에 자라나는 풀의 양은 15이므로 차이는 $21-15=6$입니다.

⑦ 처음 있던 풀의 양에서 보충할 수 있다.
〈풀이〉 말이 21마리가 있을 때 한 주에 21만큼 풀이 필요합니다. 그런데 한 주에 풀이 15만큼 자라나 매주 6만큼의 풀이 부족합니다. 이것은 처음 있던 풀의 양에서 보충할 수 있습니다.

⑧ 12주
〈풀이〉 ⑦에서 부족한 풀은 원래의 풀에서 보충해야 하고, ⑤에서 처음 풀의 양 72를 구했으므로 6마리가 먹을 수 있는 기간은 $72\div6=12$(주)입니다.

⑨ C목장에서 말들이 풀을 모두 먹는 데 걸리는 시간을 □라 한다면, (처음 풀의 양)+ (□주 동안 자라나는 풀의 양)=(21마리의 말이 □주 동안 먹는 풀의 양)입니다. 처음 풀의 양은 72이고, 한 주에 자라나는 풀의 양은 15이므로, $72+(15\times\square)=21\times\square$입니다.
즉, $6\times\square=72$이므로 □=12(주)입니다.

152-153쪽
일의 양에 관한 문제 해결하기

❶

① A컴퓨터 $\frac{1}{15}$, B컴퓨터 $\frac{1}{20}$, C컴퓨터 $\frac{1}{30}$

② $\frac{3}{20}$
〈풀이〉 세 컴퓨터가 1년 동안 할 수 있는 일의 양은 $\frac{1}{15}+\frac{1}{20}+\frac{1}{30}=\frac{4+3+2}{60}=\frac{9}{60}=\frac{3}{20}$ 입니다.

③ 6년 8개월

〈풀이〉 1년 동안 만들 수 있는 지도의 양과 걸리는 시간을 곱해 1이 되어야 합니다. 따라서 세 컴퓨터가 유전자 지도를 완성하는 데 걸리는 시간을 □라 한다면 다음과 같이 구할 수 있습니다.

$\frac{3}{20}\times\square=1$

$\square=\frac{20}{3}=6\frac{2}{3}$

즉, 6년 8개월이 걸립니다.

❷

① $\frac{1}{72}$

〈풀이〉 $1\div8\div9=\frac{1}{72}$

전체 일의 양을 사람 수와 시간으로 나눕니다.

② $\frac{1}{3}$

〈풀이〉 $\frac{1}{72}\times3\times8=\frac{24}{72}=\frac{1}{3}$

한 사람이 1시간 동안 할 수 있는 일의 양에 인원수와 시간을 곱합니다.

③ 6시간

〈풀이〉 남은 일의 양은 $1-\frac{1}{3}=\frac{2}{3}$입니다.

8명이 한 시간 동안 하는 일의 양은 $\frac{1}{72}\times8=\frac{1}{9}$입니다.

이 일을 모두 끝마치는 데 걸리는 시간을 □라 한다면, $\frac{1}{9}\times\square=\frac{2}{3}$를 만족해야 합니다. 따라서 $\square=\frac{2}{3}\times9=6$(시간)입니다.

④ 6시간

〈풀이〉 1명이 1시간 동안 하는 일의 양을 1이라 한다면, 전체 일의 양은 72입니다. 그리고 3명이 8시간 동안 일을 하는 양은 24입니다. 남아 있는 일의 양은 72-24 =48입니다. 8명이 남아 있는 일을 해야 하므로 일을 끝마치는 데 걸리는 시간을 □라 한다면 8×□=48을 만족해야 합니다.

따라서 □=6(시간)이 걸립니다.

154-155쪽

시간과 거리

❶ 8시 6분

〈풀이〉

3km/h
A
6km/h

집에 되돌아올 때는 2배의 속력으로 돌아오므로 6분이 걸리고 다시 집에서, 4배의 속력으로 학교 쪽으로 3분간 더 가면 처음 7시 40분에 집에서 출발해 1시간에 3km로 걸어서 갈 때와 같은 지점 A에 도착하게 됩니다. 이때부터는 자전거를 타고 가는 것이 걸어가는 것보다 4배 빠르므로 걸어갈 때보다 시간이 $\frac{1}{4}$만큼 걸립니다.

A부터 학교에 도착할 때까지 자전거로 □분이 걸린다고 하면 걸어갈 때는 4×□분이 걸립니다. 학교에 도착한 시간이 걸어갈 때보다 6분 먼저 도착하므로 12+6+3+□=12+4×□입니다. □=5이므로 학교까지 12+6+3+5=26분이 걸렸습니다.

따라서 학교에 도착한 시각은 7시 40분에

출발하여 26분이 걸렸으므로 8시 6분입니다.

❷ 140분

〈풀이〉 3시간 만에 다 타는 양초를 A, 7시간 만에 다 타는 양초를 B로 하고 두 양초의 길이를 1이라 하면, A는 1분에 $\frac{1}{180}$만큼 타고, B는 1분에 $\frac{1}{420}$만큼 탑니다. A가 더 빨리 타므로 타는 도중에 A가 B보다 길어질 수는 없습니다. 따라서 A의 길이가 B 길이의 3배가 될 수는 없습니다. 즉, B의 길이가 A의 길이의 3배가 되는 시간을 □라 하면 (타고 남은 A의 길이)×3=(타고 남은 B의 길이) 입니다.

$$3\times(1-\frac{1}{180}\times\square)=1-\frac{1}{420}\times\square$$
$$3-\frac{3}{180}\times\square=1-\frac{1}{420}\times\square$$
$$2=\frac{3}{180}\times\square-\frac{1}{420}\times\square$$

통분을 이용해 구하면,

$$\frac{2520}{1260}=\frac{21\times\square}{1260}-\frac{3\times\square}{1260}$$
$$\frac{2520}{1260}=\frac{18\times\square}{1260}$$

□=140(분)입니다.
따라서 불을 붙이고 140분 후에 B 양초의 길이가 A 양초 길이의 3배가 됩니다.

❸ 750m

〈풀이〉

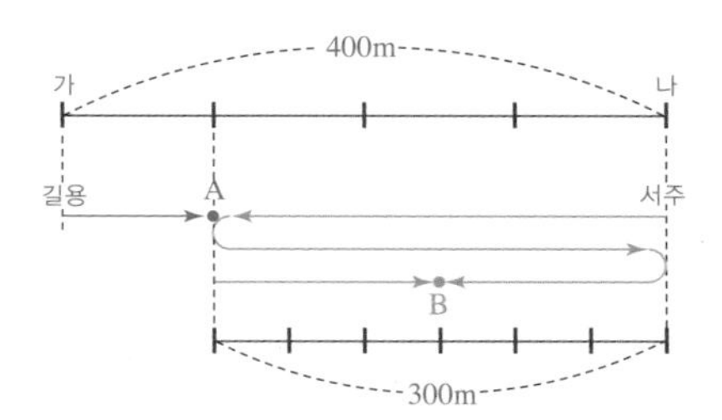

서주의 속력은 길용이의 3배이므로 같은 시간 동안 서주가 이동한 거리는 길용이의 3배입니다. 가와 나 사이의 거리가 400m이므로 길용이와 서주가 처음 만날 때까지 길용이는 100m를 이동했고, 서주는 300m 이동했습니다. 서주가 다시 나 지점으로 300m 이동하는 동안 길용이는 나 지점 쪽으로 100m를 이동했습니다. 길용이와 서주가 두 번째로 만나는 데는 거리가 200m 남아 있으므로 길용이가 50m를 이동하는 동안 서주가 150m를 이동합니다. 따라서 서주가 길용이를 2번 만나는 동안 이동한 거리의 총합은
300+300+150=750(m)입니다.

❹ 8km

〈풀이〉 두 기차가 50분 만에 만났으므로 두 기차가 50분 동안 이동한 거리는 서울과 천안 사이의 거리인 80km입니다. 기차의 속력의 합은 서울과 천안 사이의 거리를 50분으로 나눈 것과 같으므로
80÷50=1.6(km)입니다.
두 기차가 서로 만나 후 20분 후까지 두 기차가 이동한 거리의 총합은
1.6×(50+20)=112(km)입니다.

$50+16\frac{2}{3}$(분) 동안 무궁화호 열차가 서울과 천안 두 지역의 중간 지점에 도달했으므로 무궁화호 열차가 이동한 거리는 40km입니다.
KTX가 50+20(분) 동안 이동한 거리는
112−40=72(km)입니다.
따라서 KTX는 천안에서
80−72=8(km) 떨어져 있습니다.

Memo